Die grosse

Kunst des Cannabis-Anbaus

Tauchen Sie ein in die faszinierende Welt des Cannabis-Anbaus mit dem umfassenden Leitfaden "Die Kunst des Cannabis-Anbaus: Von der Pflanze zur Plantage". Dieses Buch bietet einen detaillierten Einblick in alle Aspekte des erfolgreichen Anbaus und der Pflege von Cannabis-Pflanzen, von den Grundlagen bis zu fortgeschrittenen Techniken.

*Erfahren Sie mehr über die Botanik der Cannabis-Pflanze, die verschiedenen Cannabissorten und die Wirkstoffe, die sie einzigartig machen. Der Leitfaden führt Sie durch die Vorbereitung Ihrer eigenen Cannabis-Plantage, von der Auswahl des Anbauortes bis zur Bodenvorbereitung und der notwendigen Ausrüstung.*1

Mit klaren Schritt-für-Schritt-Anleitungen deckt das Buch jede Phase des Anbauprozesses ab, angefangen bei der Aussaat und Keimung bis hin zu den verschiedenen Wachstumsphasen der Pflanze. Sie erhalten wertvolle Einblicke in die Kontrolle von Umweltfaktoren, das Düngungs- und Nährstoffmanagement sowie die Schädlings- und Krankheitsbekämpfung.

Das Buch geht über die Grundlagen hinaus und bietet Tipps für Fortgeschrittene, einschließlich fortgeschrittener Anbautechniken, Züchtung und Kreuzung von Cannabis-Sorten. Es betont die Bedeutung von Qualitätssicherung und Analyse während des gesamten Prozesses und beleuchtet auch die rechtlichen Aspekte des Cannabis-Anbaus.

Ganz gleich, ob Sie Anfänger oder erfahrener Gärtner sind, "Die Kunst des Cannabis-Anbaus" ist Ihr verlässlicher Begleiter auf dem Weg zu einer erfolgreichen und verantwortungsbewussten Cannabis-Plantage. Nutzen Sie Ihr Mindset, lernen Sie, experimentieren Sie und ernten Sie die Früchte eines gelungenen Cannabis-Anbaus.

Und nun wünsche ich Ganz Viel Freude beim Lesen und ein gutes Gelingen

Euer Chris

Schlusswort

1.1 *Hintergrund des Cannabis-Anbaus*

Hanf gehört zu den ältesten und vielfältigsten Kulturpflanzen der Menschheit. Er war über sechs Jahrtausende ein ökonomisch wichtiger Lieferant für Fasern, Nahrungsmittel und Medizin. Hanf wurde in fast allen europäischen und asiatischen Ländern angebaut und stellte eine wichtige, zum Teil die wichtigste Rohstoffquelle für die Herstellung von Seilen, Segeltuch, Bekleidungstextilien, Papier und Ölprodukten dar. Die geschichtliche Bedeutung des Rohstoffes Hanf beruht vor allem auf der Nutzung der Faser als technisches Textil. Hier hat Hanf wiederholt Geschichte geschrieben.

In China wurden etwa 2.800 v. Chr. die ersten Seile der Welt aus Hanffasern gedreht und etwa 100 v. Chr. das erste Papier der Welt aus Hanffasern geschöpft. Es gibt sogar Hinweise, dass in China schon im 28. Jahrh. v. Chr. Kleider aus Hanffasern gefertigt wurden. Das älteste erhaltene Hanftextil wird auf ca. 1.000 v. Chr. datiert. Im 17. Jahrhundert, zu den Hochzeiten der Segelschifffahrt, erlebte der Hanf in Europa seine Blütezeit. Fast alle Schiffsegel und fast alles Takelwerk, Seile, Netze, Flaggen bis hin zu den Uniformen der Seeleute wurden aufgrund der Reiß- und Nassfestigkeit aus Hanf hergestellt. Jedes Schiff benötigte für seine Grundausstattung alle zwei Jahre 50 bis 100 t Hanffasern. Bis ins 18. Jahrh. waren Hanffasern zusammen mit Flachs, Nessel und Wolle die Rohstoffe der europäischen Textilindustrie. Aus den Hadern (Lumpen) wurde Zellstoff für die Papierproduktion hergestellt.

Der Niedergang der deutschen und europäischen Hanfwirtschaft begann im 18. Jahrh. und setzte sich bis ans 5

Ende des 20. Jahrh. fort, wo Hanf fast bedeutungslos geworden war
Erst in den letzten Jahren ist das Interesse an Hanf wieder stark gewachsen. Ursachen für den Niedergang: Durch die Mechanisierung der Baumwollspinnerei trat die Baumwolle ihren Siegeszug um die Welt an. Der starke Rückgang der Segelschifffahrt traf die Hanfwirtschaft zusätzlich. Nachdem Mitte des 19. Jahrh. die Herstellung von Zellstoff aus Holz erfunden worden war, verlor Hanf auch seine Bedeutung für die Papierindustrie. Schließlich gerieten die europäischen Hanffasern durch die Importfasern Jute, Sisal, Abaca und Hanf aus Russland unter Druck; im 20. Jahrh. eroberten dann synthetische Fasern die technischen Einsatzgebiete.

Gleichzeitig geriet der Nutzhanf infolge der Marihuana-Prohibition unter Druck: In vielen Ländern der Erde wurde der Hanfanbau - unabhängig davon, ob es sich um Nutz- oder Drogenhanf handelte - verboten und ist es teilweise bis heute. Erst in den 90er Jahren wurden in vielen Ländern die Anbauverbote für Nutzhanf aufgehoben und neue Anwendungsfelder sichtbar, wo Hanffasern aus technischen, ökologischen und ökonomischen Gründen neue Märkte erobern können. Auch die Hanfsamen wurden in den 90er Jahren wiederentdeckt und neue Produkte wie geschälte Hanfsamen entwickelt.

1.2 Ziel des Leitfadens:

Das vorrangige Ziel dieses umfassenden Leitfadens besteht darin, Enthusiasten und angehenden Cannabis-Gärtnern eine verlässliche Ressource zur Verfügung zu stellen. Wir möchten nicht nur die Grundlagen des Cannabis-Anbaus vermitteln, sondern auch eine tiefgreifende Anleitung für jeden Aspekt des Prozesses bieten. Dieser Leitfaden soll nicht nur dazu dienen, Cannabis erfolgreich anzubauen, sondern auch ein Verständnis für die Kunst und Wissenschaft hinter der Pflanzenpflege zu vermitteln.

Wir streben an:

Wissensvermittlung: Durch klare und verständliche Informationen möchten wir sicherstellen, dass jeder Leser ein solides Verständnis für die Botanik, die Wachstumszyklen und die Pflegeanforderungen von Cannabis-Pflanzen entwickelt.

Praktische Anwendung: Unser Ziel ist es, nicht nur theoretisches Wissen zu vermitteln, sondern auch praktische Fähigkeiten zu fördern. Wir bieten detaillierte Schritt-für-Schritt-Anleitungen und Tipps, um Leser durch den gesamten Anbauprozess zu führen.

Qualität und Verantwortungsbewusstsein: Wir legen großen Wert auf die Förderung eines verantwortungsbewussten Ansatzes beim Cannabis-Anbau. Unser Ziel ist es, Lesern beizubringen, wie sie nicht nur eine erfolgreiche Ernte erzielen können, sondern dies auch unter Berücksichtigung ethischer und rechtlicher Aspekte tun.

Anregung von Kreativität und Forschungsgeist: Über die Grundlagen hinaus ermutigen wir Leser dazu, kreativ zu sein, zu experimentieren und ihre eigenen Techniken zu entwickeln. Wir möchten den Anbau von Cannabis als eine faszinierende Reise des Lernens und Entdeckens positionieren.

Mit diesen Zielen vor Augen hoffen wir, dass dieser Leitfaden nicht nur ein Handbuch, sondern auch eine inspirierende Quelle für alle ist, die ihre eigene Cannabis-Pflanze von der Saat bis zur Ernte erfolgreich und verantwortungsbewusst kultivieren möchten.

1.3 *Wichtige rechtliche Aspekte:*

Die rechtlichen Aspekte des Cannabis-Anbaus sind von entscheidender Bedeutung, und dieser Leitfaden legt großen Wert darauf, Lesern ein umfassendes Verständnis dieser Angelegenheiten zu vermitteln. Unser Ziel ist es, sicherzustellen, dass alle Leser den Anbau von Cannabis in Übereinstimmung mit den geltenden Gesetzen und Vorschriften durchführen und dabei ein Bewusstsein für die rechtlichen Herausforderungen entwickeln.

Wir behandeln:

Lokale Gesetzgebung: Eine detaillierte Übersicht über die spezifischen Gesetze und Vorschriften in Bezug auf den Cannabis-Anbau an Ihrem Standort. Dies umfasst Aspekte wie den Anbau für den persönlichen Gebrauch, medizinische Verwendungen und etwaige Einschränkungen.

Lizenzierung und Genehmigungen: Informationen darüber, welche Lizenzen oder Genehmigungen möglicherweise erforderlich sind, um legal Cannabis anzubauen. Wir erläutern den Prozess der Beantragung und die Verpflichtungen, die mit einer solchen Lizenzierung einhergehen.

Ethik und Verantwortung: Ein Schwerpunkt liegt auf ethischem Verhalten und verantwortungsbewusstem Handeln. Dies umfasst die Sensibilisierung für den Umgang mit Cannabis im Kontext der Gesellschaft sowie die Verantwortung gegenüber anderen Menschen und der Umwelt.

Risiken und Konsequenzen: Eine klare Darstellung der potenziellen rechtlichen Risiken und Konsequenzen, die mit einem nicht konformen Cannabis-Anbau verbunden sein können. Dies schließt mögliche Strafen, Bußgelder oder sogar rechtliche Schritte ein.

Unser Ziel ist es, Lesern die erforderlichen Informationen bereitzustellen, um einen legalen und ethisch vertretbaren Cannabis-Anbau zu ermöglichen. Durch ein fundiertes Verständnis der rechtlichen Aspekte können sie nicht nur erfolgreich ernten, sondern dies auch in Übereinstimmung mit den geltenden Gesetzen und Vorschriften tun.

2. Grundlagen des Cannabis

2.1 Botanik der Cannabis-Pflanze

Definition der Botanik

Die Botanik ist ein Segment der Biologie, die sich mit der intensiven Wissenschaft der Pflanzen befasst. Dieser Bereich der Biologie ist ein Teil der Naturwissenschaft, die sich intensiv mit allem Leben und allen Lebewesen unserer Erde beschäftigt. Die Pflanzenkunde oder Pflanzenbiologie (Lehre der Botanik) befasst sich in ihrem Inhalt mit allem, was die Welt der Pflanzen betrifft. Dazu gehören Wachstum, Fortpflanzung oder Aufbau sowie Inhaltsstoffe, mögliche Krankheiten oder der wirtschaftliche Nutzeffekt für den Menschen. Unter der Berücksichtigung dieser Kriterien entsteht eine Einteilung der Pflanzen in Heilmittel, Nahrungsmittel und Rohstoffe.

Definition der Botanik

Die Botanik ist ein Segment der Biologie, die sich mit der intensiven Wissenschaft der Pflanzen befasst. Dieser Bereich der Biologie ist ein Teil der Naturwissenschaft, die sich intensiv mit allem Leben und allen Lebewesen unserer Erde beschäftigt. Die Pflanzenkunde oder Pflanzenbiologie (Lehre der Botanik) befasst sich in ihrem Inhalt mit allem, was die Welt der Pflanzen betrifft. Dazu gehören Wachstum, Fortpflanzung oder Aufbau sowie Inhaltsstoffe, mögliche Krankheiten oder der wirtschaftliche Nutzeffekt für den Menschen. Unter der Berücksichtigung dieser Kriterien entsteht eine Einteilung der Pflanzen in Heilmittel, Nahrungsmittel und Rohstoffe.

Die Hanfpflanze aus botanischer Sicht

Generell ist Hanf eine Pflanze der gemäßigten Breiten. Sie ist von der Donau aus bis hin zum Norden Chinas zu finden. Die Chinesen kultivierten die Pflanze bereits im 3. Jahrtausend v. Chr., um sie für die Fasergewinnung zu nutzen. Recht früh wurde ebenfalls erkannt, dass Hanf auch psychoaktive

Inhaltsstoffe enthält. Im 9. Jahrhundert v. Chr. stellten dies Menschen in Indien fest. Später gelangte die Hanfpflanze auch nach Westeuropa, hier wurde sie ebenfalls wegen ihrer Fasern angebaut. Allerdings wurden die etwas teureren Hanffasern nach dem Zweiten Weltkrieg durch synthetische Fasern ersetzt, die günstiger waren. Der Anbau von Hanf wurde in Deutschland 1929 verboten, da die Pflanze möglicherweise als Lieferant von Haschisch genutzt werden könnte. Viele Jahre lang hielt dieses Verbot stand, bis es letztendlich im Jahr 1996 wieder aufgehoben wurde.

Die Hanfpflanze
Die Hanfpflanze, lateinisch Cannabis sativa L, gehört botanisch gesehen zur Familie der Hanfgewächse, diese werden auch als Cannabinaceae bezeichnet. Die Hanfgewächse stehen den Maulbeerbaumgewächsen nahe. Beheimatet ist die Pflanze wahrscheinlich in Zentralasien. Hanfpflanzen sind einjährige, windblütige Gewächse. Zudem sind sie zweihäusig, das bedeutet, eine Pflanze kann entweder männliche Blüten tragen oder weibliche. Im Gegensatz zu den männlichen Hanfpflanzen sind die weiblichen Exemplare stärker verzweigt und haben auch mehr Laub.

Durchschnittlich wird Hanf zwischen 1,50 m und 3 m groß. Es gibt aber auch Ausnahmen, einige Pflanzen können auch bis zu 4 m groß werden. Der Stängel ist krautig, zudem verfügt die Pflanze über Blätter, die handförmig zusammengesetzt sind. Der Rand der Blätter hat eine gesägte, gezackte Optik. Die Anzahl der Blättchen, die sich an einem Blatt befinden, kann unterschiedlich sein. Für gewöhnlich verfügen die ersten

Blattpaare lediglich über ein einziges Blättchen, die nachfolgenden dagegen können bis zu 13 Blättchen haben, durchschnittlich sind es aber 7 bis 9. Der Stiel ist rund 6 cm lang. Die weiblichen Blüten sind von grünlicher Farbe und eher unscheinbar. Sie befinden sich in den sogenannten Achseln der Blätter und sind in Trauben angeordnet. Die männlichen Blüten dagegen bilden eigenständige Rispen.

Je nachdem, für welchen Zweck der Hanf genutzt wird und abhängig von der Sorte erfolgt die Aussaat zwischen März und Mai. Hanf ist kein Schnellstarter, in den ersten Wochen entwickelt er sich nur sehr langsam. Etwa vier Wochen, nachdem er gekeimt ist, wächst er dann recht schnell. Das ist die Phase, in der die Hanfpflanze besonders viel Wasser benötigt. Die Blüten beginnen zwischen Anfang Juli und Mitte August zu blühen. Sobald die Blütenbildung beginnt, ist das Wachstum der Pflanze in die Länge auch beendet.

Der Boden, auf dem Hanf angebaut wird, sollte locker sein, recht tief und vor allen Dingen gut gedüngt. Vorteilhaft ist auch eine gleichmäßige Wasserführung und ein pH-Wert, der neutral bis leicht basisch sein sollte. Saure Böden sind nicht gut für den Anbau von Hanf geeignet.

Ernte und weitere Verarbeitung

Die Ernte ist nicht ganz so einfach, zumindest wenn es um die Ernte der Blüten der weiblichen Pflanze geht, die beispielsweise für die Herstellung von CBD Produkten genutzt werden. Dafür werden spezielle Maschinen eingesetzt, die entsprechend modifiziert werden. Die männlichen Pflanzen werden geerntet, wenn die Blüten verwelkt sind. Hier kommt ebenfalls entsprechendes Gerät zum Einsatz.

Hanfsamen

Die meisten Hanfpflanzen werden als Faserlieferanten genutzt, aber auch die Samen der Pflanzen werden verwendet. Daraus wird durch Kaltpressung das Hanföl gewonnen. Dieses Hanföl ist von grünlicher Farbe und enthält viele wertvolle essentielle Fettsäuren. Sehr beliebt ist Hanföl, weil es Omega-3- und Omega-6-Fettsäuren im optimalen Verhältnis enthält, das ist sehr selten. Hanföl kann in der Küche genutzt werden, um beispielsweise Salate zuzubereiten. Nur erhitzt werden sollte das Öl nicht.

Hanffasern

Die Stängel der Hanfpflanze bestehen aus einer außen liegenden Rinde und einem Holzteil, der im Inneren liegt. Die Rinde liefert wertvolle Bastfasern, der Holzteil fällt als Abfall an bei der Gewinnung der Bastfasern. Allerdings muss dieser Abfall nicht entsorgt werden, der Holzteil kann auch für die Herstellung von Pappe, Papier oder Karton oder als Isoliermaterial genutzt werden.

Die Lange der Bastfasern liegt zwischen 5 und 55 mm. Durchschnittlich sind die Fasern 20 mm lang. Es ist notwendig, sie zunächst vom Holzteil zu trennen. Es gibt eine traditionelle Methode, die dafür genutzt wird, das sogenannte Rösten. Bei diesem Vorgang handelt es sich um eine kontrollierte Fäulnis der Pflanze. Dafür werden die Pflanzen unter Wasser in Gräben aufbewahrt, die etwa 1 bis 2 Meter tief sind. Dort bleiben sie für ein bis zwei Wochen. Während dieses Prozesses zersetzen sich die grünen Teile der Hanfpflanze, dafür sind hauptsächlich Bakterien verantwortlich. Ist der Prozess abgeschlossen, können die Bastfasern einfach mechanisch von den Holzteilen getrennt werden. Da dieses Verfahren aber sehr aufwendig ist, werden heute modernere Trennmethoden eingesetzt, die beispielsweise Dampfdruck oder Enzyme nutzen. Auch Ultraschall- oder Tensidaufschlussverfahren kommen dafür zum Einsatz.

Hanffasern sind bereits seit vielen Jahrhunderten sehr beliebt, da sie besonders stabil sind. Aus ihnen werden Seile, Taue und Netze gefertigt, aber auch Zwirne, Bindfäden, Textilien und sogar Teppiche. Auch im Sanitär- und Heizungsbereich wird Hanf genutzt, dort wird er eingesetzt, um Wasser- und Gasleitungen abzudichten.

Im Jahr 1929 wurde der Hanfanbau in Deutschland verboten. Grund war, dass die Befürchtung aufkam, dass die Pflanze hauptsächlich genutzt werden könnte, um Drogen daraus herzustellen. Seit 1996 ist der Anbau wieder erlaubt, allerdings nur unter strengen Vorschriften. Jedoch wird Hanf nicht nur aufgrund der enthaltenen Cannabinoide immer interessanter, auch als Biorohstoff ruft er sich wieder in Erinnerung.

Cannabinoide

In Hanfpflanzen steckt eine große Anzahl an sogenannten Cannabinoiden. Bislang konnten mehr als 100 unterschiedliche Cannabinoide gefunden werden. Es hängt von der Sorte der Hanfpflanze ab, wie groß die Mengen der einzelnen Cannabinoide darin ist. Die beiden häufigsten Cannabinoide sind das THC und das CBD.

THC

Das THC (Tetrahydrocannabinol) ist den meisten Menschen sicher gut bekannt. Dieses Cannabinoid verursacht einen Rauschzustand, daher werden Hanfpflanzen mit einem hohen Anteil an THC genutzt, um Drogen herzustellen.

CBD

Anders sieht es aus mit CBD, dieses Cannabinoid hat keine psychoaktive Wirkung, löst keinen Rauschzustand aus, macht nicht süchtig und kann legal gekauft und genutzt werden. CBD hat einige Effekte, die sich positiv auf das Wohlbefinden auswirken können. Es konnte bereits belegt werden, dass CBD eine schmerzlindernde, entzündungshemmende und beruhigende Wirkung hat. Forscher sehen in CBD ein großes Potenzial bei der Behandlung von verschiedenen Erkrankungen. Belege für die Wirkung von CBD bei unterschiedlichen Erkrankungen stehen bisher aber noch aus.

Marihuana und Haschisch

Hanfpflanzen verfügen über Drüsenhaare an Blüten, Stängeln und Blättern. An diesen Haaren scheiden sie ein harziges Sekret aus. Dieses Sekret enthält THC. Bekannt ist dieses Harz als Haschisch oder auch Marihuana. Da Marihuana bzw. Haschisch eine berauschende Wirkung haben, ist die Herstellung und der Besitz in Deutschland verboten.

Die Verwendung von Hanf im Laufe der Jahre
Die Chinesen nutzen die Hanfsamen bereits seit jeher in ihrer Ernährung, auch die Fasern wurden schon sehr früh verwendet. Sogar als Heilmittel wurde Hanf eingesetzt, das geht aus einem medizinischen Text hervor, der wahrscheinlich zwischen 300 v. Chr. und 200 n. Chr. verfasst wurde. Allerdings wird vermutet, dass dieser Text bereits viel älter ist und schon 2800 v. Chr. verfasst wurde. In Griechenland, Indien, Ägypten und vielen anderen Ländern wurde Hanf genutzt, um daraus Kleidung herzustellen.

Bereits in der Frühzeit spielte der Hanf in Europa als Nutzpflanze eine wichtige Rolle, diese Bedeutung behielt sie auch nach der Antike. Die Sehnen von mittelalterlichen Waffen, so wie beispielsweise Langbogen, bestanden aus Hanffasern. Sie waren in der Lage, den enormen Zugkräften problemlos standzuhalten.

Im 13. Jahrhundert wurde Hanf in Europa auch für die Papierherstellung genutzt. Sogar die berühmte Gutenberg-Bibel wurde auf Hanfpapier gedruckt, ebenso auch die amerikanische Unabhängigkeitserklärung.

In der Schifffahrt kamen Hanfseile zum Einsatz, auch Segeltuch aus Hanf wurde genutzt. Hier machte man sich die große Widerstandsfähigkeit der Fasern gegenüber Salzwasser zunutze, zudem nahm die Faser auch weniger Wasser auf als andere Gewebe.

In der Mitte des 20. Jahrhunderts wurden Kunstfasern modern, diese ersetzten Hanf in der Herstellung von Bekleidung. Heute aber wird Hanf wieder beliebter. Seit 1996 ist es unter Auflagen wieder möglich, Hanf anzubauen. Seitdem steigt die Beliebtheit immer weiter an. Mittlerweile wird Hanf vielseitig verwendet, beispielsweise beim Hausbau oder auch als Basis für Lacke, Farben, Waschmittel und noch einiges mehr. Durch ihre gute Widerstandsfähigkeit sind Hanferzeugnisse sehr begehrt. Immer mehr Unternehmen besinnen sich auf die Vorteile, die Hanffasern bieten und nutzen verstärkt Hanf für die Produktion von unterschiedlichen Produkten.

Hanf – eine interessante Pflanze
Hanf ist wirklich eine sehr interessante Pflanze, die besonders vielseitig eingesetzt werden kann. Fast jeder Teil dieser Pflanze kann genutzt werden. Sehr beliebt sind natürlich die Hanffasern aufgrund ihrer Widerstandsfähigkeit, aber auch die Cannabinoide werden immer öfter eingesetzt. CBD ist ein Cannabinoid mit vielen positiven Effekten, die das Wohlbefinden verbessern können. Auch für die Medizin wird CBD immer interessanter. Die Möglichkeiten, die Hanf bietet, sind sicher noch bei weitem nicht ausgeschöpft.

2.2 Die verschiedenen Cannabissorten

Man kann schnell die Übersicht verlieren, wenn es darum geht herauszufinden, welche Cannabis-Sorten es gibt und wie viele es insgesamt sind. Mit diesem Beitrag versuchen wir etwas Licht ins Dunkeln zu bringen und einen leichten Überblick zu verschaffen, wie viele es sind und welche Sorten es genau gibt.

Wie viele Cannabis-Sorten gibt es?
Zunächst ist es wichtig zu nennen, dass es keine genaue Zahl gibt, wie viele Cannabis-Sorten heutzutage im Umlauf sind. Man vermutet, dass es über 18.000 verschiedene Sorten gibt, die aufgrund ihrer verschiedenen Eigenschaften verschiedene Wirkungen haben. Jedoch stammen alle Sorten von den drei großen Cannabis-Arten ab. Diese nennen sich Cannabis Sativa, Cannabis Indica und Cannabis Ruderalis.

Cannabis Sativa
Cannabis Sativa stammt vorwiegend aus Regionen in Thailand, Kambodscha, Jamaika und Mexiko. Die Sativa Art hat hellere Blätter als die Indica Art und wächst schmaler und höher. Das High von Sativa ist energetisch und euphorisch. Zudem kann es aufmerksamkeitsfördernd, fokussierend und gegen Angst- und Stresssituationen wirken.

19

Cannabis Indica

Cannabis Indica stammt vorwiegend aus Regionen in Ostasien, Indien, Nepal, Tibet, Pakistan und Afghanistan. Die Pflanze ist dunkler, kürzer und kompakter als die Sativa Pflanze. Die Wirkung von Indica ist im Prinzip das genaue Gegenteil, wie die von Sativa. Indica wirkt beruhigend und entspannend und kann in höheren Dosen schläfrig machen, was bei Schlafstörungen von Vorteil sein kann. Zudem wirkt es gegen chronische Schmerzen und kann Kopfschmerzen und Migräne reduzieren.

Cannabis Ruderalis

Cannabis Ruderalis stammt ursprünglich aus dem Ural und wird teils als die früheste Form von Cannabis angesehen. Sie wächst ganz von allein und unabhängig von der Lichteinwirkung. Aufgrund der deutlich geringeren Menge an psychoaktiven Substanzen, die die Pflanze enthält, hat sie eine viel mildere Wirkung als Indica oder Sativa. Deswegen wird sie gerne gekreuzt, um die Wirkung von starken Indica- oder Sativa-Pflanzen zu mildern.

Hybride Sorten

Die bereits genannten Cannabis-Sorten, von denen es heute eine Vielzahl gibt, sind in der Regel alles Kreuzungen von Sativa, Indica und Ruderalis.

Dabei wird sehr darauf geachtet, die positivsten Eigenschaften zu kombinieren, damit die neu gekreuzte Pflanze so perfekt wie möglich wird. Aufgrund solcher häufigen Kreuzungen ist es irgendwann nicht mehr möglich, sie einer bestimmten Art zuzuordnen. Durch diese Kreuzungen wird meist versucht, einen höheren THC-Gehalt zu kreieren, der für die Intensität des Highs zuständig ist. Demzufolge kann man sagen, je höher der THC-Gehalt, desto stärker das High.

Bekannte Cannabis-Sorten
Auch wenn es leider nicht möglich ist, alle Sorten aufzuzählen, zeigen wir dennoch die bekanntesten Sorten, zu den jeweiligen Cannabis-Arten.

Indica: Afghan Kush, OG Kush, Bubba Kush, L.A. Confidential, Northern Lights, Purple Kush

Sativa: Sour Diesel, Blue Dream, Trainwreck, Purple Haze, Jack Herer, Super Silver

Hybride: AK-47, Girl Scout Cookies, White Widow, Lemon Skunk, Super Silver Haze, Bubblegum

2.3 Wirkstoffe und ihre Auswirkungen

Seit Forschende vor einigen Jahrzehnten damit begonnen haben, die Cannabispflanze genauer zu untersuchen, gab es zahlreiche überraschende Erkenntnisse. So enthält die Hanfpflanze über 500 Substanzen, davon über 100 sogenannte Phytocannabinoide. Die bekanntesten Inhaltsstoffe sind THC (Tetrahydrocannabinol) und CBD (Cannabidiol). Aber auch eine Reihe von Nicht-Cannabinoiden (Terpene, Flavonoide und Stickstoffverbindungen) sind in der Hanfpflanze zu finden und vervollständigen das Repertoire an Wirkstoffen.

Die Hanfpflanze stammt vermutlich aus Asien und gilt als eine der ältesten Kultur- und Nutzpflanzen des Menschen. Archäologische und schriftliche Hinweise zeigen, dass Hanfseile schon vor 10.000 Jahren eingesetzt wurden. Schriftstücke aus China, Indien und Ägypten beschreiben die Nutzung von Cannabis als Rauschmittel und Therapeutikum vor etwa 4.000 Jahren. Nachdem Cannabis über Jahrtausende von Menschen auf vielfältige Weise genutzt wurde, geriet die Pflanze im 20. Jahrhundert jedoch in die Kritik.

Als Droge eingestuft, wurde ihre Verwendung als Rauschmittel fast weltweit verboten und die legale Nutzung stark eingeschränkt. Selbst Nutzhanf wurde weitgehend von den Feldern verbannt. Nur langsam erfolgten in den letzten Jahren neue Bewertungen und Freigaben, um den Nutzhanfanbau wieder zu fördern und Cannabis auch als Genussmittel und Medizin zu rehabilitieren. In diesem Artikel schauen wir uns die Geschichte, die Eigenschaften und die zahlreichen Inhaltsstoffe von Cannabis genauer an.

Cannabis – die Pflanze

Cannabis ist der lateinische Name für die Hanfpflanze. Die Begriffe können also synonym verwendet werden. Noch immer herrscht keine Einigkeit darüber, ob es in der Familie der Cannabisgewächse mehrere Arten gibt. Unterschieden werden unter anderem Cannabis sativa, Cannabis indica und Cannabis ruderalis. In Forscherkreisen gibt es zwei Lager: Während die einen vermuten, dass es sich um eine einzige Art (Cannabis sativa) mit mehreren Variationen handelt, fordern andere eine Unterteilung in die beiden Arten Cannabis sativa und Cannabis indica. 23

Sativa-Pflanzen erreichen mitunter eine Höhe von bis zu drei Metern und haben schmale Blätter. Pflanzen vom Typ Indica werden nicht so hoch und haben breitere Blätter. Sind die Umgebungsbedingungen ähnlich, wachsen und reifen Indica-Pflanzen schneller heran als Sativa-Sorten. Die beiden „Arten" unterscheiden sich auch im Geruch. Dieser ergibt sich aus bestimmten Kombinationen von Terpenen, Duftstoffen in den weiblichen Cannabisblüten.

Die Cannabispflanze ist zweihäusig. Das bedeutet, es gibt männliche und weibliche Pflanzen. Weibliche Pflanzen bringen Blüten hervor, „Buds" genannt, die drüsenartige Strukturen (Trichome) enthalten, in denen die Cannabinoide und Terpene erzeugt werden. Männliche Pflanzen bilden mit Pollen gefüllte Säckchen, mit denen weibliche Pflanzen befruchtet werden können. Geschieht das, bilden sich Samen, aus denen neue Cannabispflanzen wachsen.

Bei der Produktion von Cannabis zu medizinischen Mitteln und Rauschmitteln wird die Befruchtung der Pflanzen vermieden. Benötigt werden ausschließlich die weiblichen Pflanzen, denn nur sie produzieren die Cannabinoide, die für die Wirkungen von Cannabis verantwortlich sind. Sobald das Geschlecht der Pflanzen während des Anbaus unterschieden werden kann, werden die männlichen Pflanzen entfernt.

24

Cannabis als Rauschmittel – Herkunft und Geschichte
Die Geschichte der Verwendung von Cannabis als
Rauschmittel ist lang. Aufzeichnungen, die diese Art der
Nutzung belegen, reichen etwa 4.000 Jahre bis nach Indien
und China zurück. Dort galt die Pflanze als heilig und wurde
im Rahmen religiöser Riten verwendet. Im Laufe der
Jahrtausende wurde Cannabis stets sowohl zu therapeutischen
Zwecken als auch als Rauschmittel verwendet.

Erst zu Beginn des 20. Jahrhunderts wurde Cannabis im
Rahmen der zweiten Opiumkonferenz als Droge eingestuft und
der Handel und Konsum begrenzt. Seit einiger Zeit vollzieht
sich jedoch ein Wandel. In verschiedenen Ländern werden
inzwischen Gesetze geschaffen oder diskutiert, um den Konsum
von Cannabis zu Genusszwecken zu legalisieren oder
zumindest zu entkriminalisieren.

Cannabisblüten sind auch unter Bezeichnungen wie Gras,
Weed und Marihuana bekannt. Wird das von den weiblichen
Pflanzen produzierte Harz geerntet und gepresst, spricht man
von Haschisch. Aktuell wird geschätzt, dass rund 4 Prozent der
Weltbevölkerung oder 200 Millionen Menschen Cannabis
konsumieren.

Die Geschichte von Cannabis als Medizin
Die Verwendung von Cannabis zu therapeutischen Zwecken wurde erstmals in China erwähnt. Von Indien gelangte die Kunde der Cannabiswirkung ins alte Persien sowie in das Assyrische Reich. Von dort verbreitete sich das Wissen über die folgenden Jahrhunderte weiter zu den Skythen, bis ins alte Griechenland und Rom und nach Afrika und in den Mittleren Osten.

Im mittelalterlichen Europa waren Nonnen und Mönche die Heilkundigen. Sie wussten auch um die heilsamen Wirkungen von Cannabis. Erste Erwähnungen finden sich in den Schriften der Benediktinerin Hildegard von Bingen. Sie beschrieb nachweislich die Wirkungen von Cannabis als sinnvoll für die Behandlung von Geschwüren und Wunden, bei rheumatischen und Atemwegserkrankungen sowie bei Magen-Darm-Beschwerden und Übelkeit. Auch die schmerzstillenden Eigenschaften erwähnt sie in ihren Schriften.

In Europa galt Cannabis im 19. Jahrhundert regelrecht als Allheilmittel. Cannabisextrakte wurden in Apotheken hergestellt und verkauft. Zwischen 1842 und 1900 basierte die Hälfte aller verkauften Medikamente auf Cannabis. Es ersetzte Opium bei der Behandlung von Kopfschmerzen und Migräne, Nervenschmerzen, Rheuma, (epileptischen) Anfällen und Krämpfen.

Cannabis – die Inhaltsstoffe

Mehr als 500 unterschiedliche chemische Verbindungen wurden in unterschiedlichen Cannabissorten nachgewiesen. Herausstechend und namensgebend sind die Cannabinoide. Mehr als 120 verschiedene wurden inzwischen identifiziert. Nur wenige davon sind bisher erforscht. Das meiste Wissen wurde zum psychoaktiven und rauscherzeugenden Cannabinoid THC (Tetrahydrocannabinol) gesammelt. Ebenfalls im Fokus der Forschung steht das zweithäufigste Cannabinoid, das CBD (Cannabidiol). Daneben gibt es weitere Inhaltsstoffe, die für den Geruch, Geschmack und die Wirkungen der einzelnen Sorten mitverantwortlich sind, vor allem die Terpene und Flavonoide.

Cannabispflanzen haben verschiedene Inhaltsstoffe, die für Geruch, Geschmack und Wirkung verantwortlich sind.

Cannabinoide – die wichtigsten Wirkstoffe

Cannabinoide, die von Pflanzen wie der Cannabispflanze hergestellt werden, heißen auch Phytocannabinoide. Bis jetzt sind mehr als120 verschiedene (Phyto-)Cannabinoide identifiziert worden. Allen gemeinsam ist ein charakteristisches chemisches Grundgerüst. Die Cannabinoide, die neben THC und CBD am häufigsten vorkommen, sind Cannabinol (CBN), Cannabigerol (CBG), Cannbichromen (CBC) und einige weitere.

Phytocannabinoide können im menschlichen Körper an bestimmte Rezeptoren, die Cannabinoidrezeptoren, andocken und auf diese Weise Wirkungen erzeugen.

Je nachdem, welche Rezeptoren angesteuert werden und welche biochemische Reaktion dadurch ausgelöst wird, sind die Wirkungen unterschiedlich. Welche Effekte THC und CBD im Körper haben. Von einigen anderen Cannabinoiden sind Wirkmechanismen in Teilen bekannt, viele andere sind noch nicht erforscht.

Terpene – der Duft von Cannabis
Terpene sind eine große Gruppe chemischer Verbindungen, die von Natur aus in Pflanzen vorkommen. Sie gehören zu den sogenannten sekundären Pflanzenstoffen. Für Pflanzen spielen sie eine wichtige Rolle, weil sie beispielsweise die Interaktion mit Tieren beeinflussen. Was abstrakt klingt, bedeutet beispielsweise, dass Pflanzen Duftstoffe aussenden, die bestimmte Insekten für die Bestäubung anlocken. Aber auch zur Abschreckung von Fressfeinden werden Terpene von Pflanzen eingesetzt. Häufig handelt es sich um ätherische Öle. In der Cannabispflanze sind sie für das typische Cannabisaroma verantwortlich.

Mehr als 150 unterschiedliche Terpene sind bekannt, jedes mit einer eigenen Duftnote, Geschmack und – wahrscheinlich – medizinischen Wirkungen. Es gibt einige Terpene isoliert als ätherische Öle, wie beispielsweise das Linalool, das für den typischen Geruch von Lavendel verantwortlich ist.

Von Lavendel weiß man um seine beruhigende, schlaffördernde Wirkung. Doch nicht über jedes Terpen ist bekannt, welche medizinische Wirkung es hat.

Dennoch ist davon auszugehen, dass bestimmte Eigenschaften von unterschiedlichen Cannabissorten von der Mischung der Terpene abhängt und nicht nur von Cannabinoiden.

Zu den häufigsten der in Cannabis enthaltenen Terpene gehören Limonen, (Beta-)Myrcen, (Alpha-)Pinen, Linalool, (Beta-)Caryophyllen und Humulen.

Flavonoide in Cannabis

Flavonoide sind ebenfalls in Cannabispflanzen enthalten – allerdings auch in jeder anderen Pflanze. Sie gehören wie die Terpene zu den sekundären Pflanzenstoffen. Flavonoide sind für die Farben von Obst und Gemüse, aber auch von Blüten verantwortlich. Auch typische Gerüche wie beispielsweise der von Zwiebeln werden durch Flavonoide erzeugt. In der Pflanze erfüllen Flavonoide, ebenso wie Terpene, wichtige Aufgaben. So helfen sie beispielsweise dabei, schädliche und aggressive Moleküle zu neutralisieren und auf diese Weise die Pflanze zu schützen.

Über einige der in der Cannabispflanze gefundenen Flavonoide ist bekannt, dass sie entzündungshemmende und krebshemmende Wirkung haben. Die Cannabinoide, allen voran THC und CBD, haben zwar eine wichtige Funktion für die Wirkung von Cannabis.

Sehr wahrscheinlich macht aber erst das Zusammenwirken mit Terpenen und Flavonoiden das Wirkspektrum komplett. Vermutungen darüber gibt es schon länger. Gemeint ist der sogenannte Entourage-Effekt.

Das bedeutet, dass die Effekte der unterschiedlichen Substanzen sich gegenseitig beeinflussen, verstärken oder auch abschwächen, sodass eine spezifische medizinische Wirkung entsteht.

3. Vorbereitung der Cannabis-Plantage

3.1 Auswahl des geeigneten Anbauortes:

Die Auswahl des geeigneten Anbauortes ist ein entscheidender Schritt für den Erfolg einer Pflanzkultur. Verschiedene Pflanzen haben unterschiedliche Anforderungen an Boden, Klima und Sonneneinstrahlung. Hier sind einige wichtige Überlegungen bei der Auswahl des geeigneten Anbauortes:

Klima: Berücksichtigen Sie das Klima in Ihrer Region. Manche Pflanzen benötigen warme Temperaturen, während andere kälteresistenter sind. Überprüfen Sie die durchschnittlichen Temperaturen, Niederschlagsmengen und Frosttage in Ihrer Region.

Bodenbeschaffenheit: Der Boden sollte für die gewünschte Pflanze geeignet sein. Unterschiedliche Pflanzen bevorzugen unterschiedliche Bodentypen (sandig, lehmig, tonig). Führen Sie Bodentests durch, um den pH-Wert und die Nährstoffzusammensetzung zu überprüfen.

Sonnenlicht: Überprüfen Sie die Sonneneinstrahlung am vorgesehenen Anbauort. Die meisten Pflanzen benötigen ausreichend Sonnenlicht, aber einige können auch im Halbschatten gedeihen. Beachten Sie die Dauer und Intensität des Sonnenlichts.

Wasserzugang: Stellen Sie sicher, dass ausreichend Wasser für die Bewässerung zur Verfügung steht. Der Anbauort sollte gut zugänglich für Bewässerungseinrichtungen sein, sei es durch natürlichen Niederschlag, Bewässerungssysteme oder manuelle Bewässerung.

Luftzirkulation: Gute Luftzirkulation ist wichtig, um Krankheiten zu verhindern. Vermeiden Sie Orte mit stehender Luft, insbesondere in Gebieten, in denen Krankheiten durch feuchte Bedingungen begünstigt werden.

Pflanzenspezifische Anforderungen: Berücksichtigen Sie die spezifischen Bedürfnisse der Pflanzen, die Sie anbauen möchten. Einige Pflanzen bevorzugen höhere Luftfeuchtigkeit, während andere trockene Bedingungen bevorzugen.

Nachbarschaft und Umgebung: Berücksichtigen Sie die Umgebung des Anbauortes. Vermeiden Sie Standorte in der Nähe von Industriegebieten oder stark befahrenen Straßen, die Schadstoffe abgeben könnten.

Gesetzliche Bestimmungen: Überprüfen Sie lokale Vorschriften und Gesetze in Bezug auf den Pflanzenanbau. Einige Pflanzen könnten möglicherweise eingeschränkt oder verboten sein.

Durch eine sorgfältige Auswahl des Anbauortes können Sie die Erfolgschancen Ihrer Pflanzkulturen verbessern und potenzielle Probleme minimieren.

3.2 Bodenvorbereitung und -analyse:

Wie man seine eigene Supererdmischung für Cannabis herstellt Deine Buds werden nur so gut wie die Pflanzen sein, die sie tragen. Und der beste Weg für den Anbau von großen, gesunden Cannabispflanzen ist die Verwendung von selbst gemachter Supererde, die reich an Stickstoff, Phosphor, Kalium und anderen lebensnotwendigen Nährstoffen ist.
Eine hausgemachte Supererdmischung für Cannabis zusammenzustellen, lohnt sich viel mehr, als Erde und abgefüllte Nährstoffe im Laden zu kaufen – und sie ist auch nicht so schwer herzustellen.

WAS SIND DIE VOR- UND NACHTEILE DER ZUSAMMENSTELLUNG DEINER EIGENEN SUPERERDE?
ERDE UND CANNABISNÄHRSTOFFE VERSTEHEN
WIE DU DEINE EIGENE SUPERERDMISCHUNG FÜR CANNABIS VORBEREITEST
SCHRITT 1: KAUFE DEINE AUSGANGSERDE
SCHRITT 2: REICHERE DEINE ERDE AN
SCHRITT 3: WASCHE DEINE SUPERERDE (WENN DU SOFORT IN IHR ANPFLANZEN WILLST)
SCHRITT 4: PFLANZE NICHT DIREKT IN HAUSGEMACHTER SUPERERDE AN

Manche im Gartencenter gekaufte Erde ist für den Anbau von Cannabis durchaus geeignet, aber sie bringt Dich nur zu einem gewissen Punkt. Um zu Hause das beste Cannabis anzubauen, empfehlen wir die Verwendung von speziell für Cannabis entwickelter Erde oder Deine eigene Erde vorzubereiten. Lies weiter für eine Schritt-für-Schritt-Anleitung, wie Du Deine eigene Erdmischung für Cannabis herstellst.

WAS SIND DIE VOR- UND NACHTEILE DER ZUSAMMENSTELLUNG DEINER EIGENEN SUPERERDE?

Wie viele Aspekte des Anbaus hat die Zusammenstellung Deiner eigenen Cannabiserde eine Reihe von Vor- und Nachteilen. Die Vorteile überwiegen die Nachteile jedoch bei weitem und wir ermuntern jeden Grower, mindestens ein Mal die Herstellung seiner eigenen Erde zu versuchen.

Als erstes die Vorteile:

Selbst angemischte Erde von guter Qualität ist reich an Makro- und Mikronährstoffen, weshalb Du weniger auf chemische Dünger angewiesen sein wirst.

Mit hausgemachter Erde anzubauen, gibt Dir die volle Kontrolle darüber, woher Deine Pflanzen ihre Nährstoffe bekommen. Wenn Du biologisch anzubauen gedenkst, ist dies der richtige Weg.

Ohne chemische Dünger angebaute Knospen liefern ein tolles, natürliches Aroma wie keine anderen. Du kannst außerdem mit einem schmackhafteren, sanfteren Rauch rechnen.

Die in Nährstofflösungen enthaltenen Chemikali en erzeugen einen harschen Abfluss, der verheerende Auswirkungen auf die lokale Umwelt haben kann. Deine eigene hausgemachte Erde zu verwenden, ist hingegen vollkommen nachhaltig und umweltfreundlich.

Die Nachteile:

Deine eigene Erde herzustellen braucht Zeit, was ein Luxus ist, den nicht alle Grower haben. Wenn Du eine schlechte Mischung zubereitest, werden die Pflanzen nicht gedeihen. Eine schlechte Mischung ist eine Mischung, die zu viele oder zu wenige Nährstoffe enthält. Zum Glück erfährst Du in diesem Artikel, wie Du eine geeignete Mischung zubereitest.

Die Herstellung Deiner eigenen Erde erfordert eine größere Erstinvestition, als wenn Du lediglich normale Erde und ein paar Nährstofflösungen kaufen würdest. Behalte das im Hinterkopf, wenn Du kein großes Budget für Deinen Anbau hast, beachte aber auch, dass die Ergebnisse es definitiv wert sind.

ERDE UND CANNABISNÄHRSTOFFE VERSTEHEN

Wenn Du Deine eigene Cannabis-Supererde herstellst, hast Du die Möglichkeit, schon im Voraus ein reichhaltiges Substrat für Deine Pflanzen zu schaffen, statt sie nach Bedarf mit mineralischen oder organischen Düngemitteln zu versorgen. Die Erde erfüllt beim Prozess des Cannabisanbaus zwei entscheidende Funktionen. Zuallererst verankert sie Deine Cannabispflanzen, wodurch sie sich verwurzeln können und gegen Wind geschützt sind. Und zweitens, was noch wichtiger ist, dient sie als ein Medium, um Nährstoffe und Wasser zu den Wurzeln Deiner Pflanzen zu transportieren. Um Erde besser zu verstehen und wie wir eine hausgemachte Mischung nutzen können, um unsere Cannabispflanzen zu düngen und zu ernähren, hilft es, die wesentlichen Nährstoffe zu verstehen, die Cannabispflanzen benötigen, um zu überleben und zu gedeihen.

Außer Wasser benötigt Cannabis drei Hauptnährstoffe oder _Makronährstoffe_: Stickstoff (N), Phosphor (P) und Kalium (K).

Wenn Du Dünger kaufst, wirst Du Produkte mit unterschiedlichen Konzentrationen dieser Nährstoffe finden, die dazu gedacht sind, während verschiedener Phasen des Anbauzyklus verwendet zu werden. Hier ist ein kurzer Überblick, wie diese Nährstoffe Cannabis beim Wachsen helfen:

Stickstoff	Ist einer der Hauptbestandteile von Chlorophyll und ein Grundbaustein von wichtigen Aminosäuren.
Phosphor	Ist für die Produktion von Adenosintriphosphat und Phospholipiden erforderlich, die für den Bau von Zellmembranen genutzt werden.
Kalium	Hilft, die Photosynthese zu ermöglichen, reguliert über Spaltöffnungen in den Blättern einer Pflanze die CO_2-Aufnahme und hilft, die Zellwände zu stärken.

In den meisten Düngern machen Stickstoff, Phosphor und Kalium den Großteil der Nährstoffe aus, die Du in einem Growshop oder Gärtnereibedarf finden wirst. Es gibt jedoch noch viele weitere Nährstoffe, die als Mikronährstoffe bekannt sind und ebenfalls eine entscheidende Rolle dabei spielen, Deine Pflanzen gesund zu halten und ihnen dabei zu helfen, die bestmöglichen Buds hervorzubringen.

*Einige dieser Mikronährstoffe sind Calcium, Eisen, Schwefel, Zink,
Bor, Mangan und Kupfer, die Du von Natur aus in
Fledermausguano, Wurmhumus, Melasse, Seetang, Kaffeesatz und
mehr findest.*

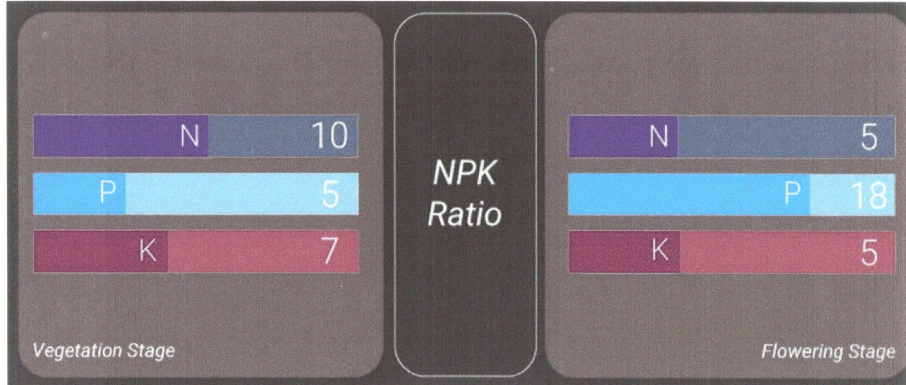

*Wenn Du Deine eigene Supererde für Cannabis zusammenstellst,
hast Du die Gelegenheit, vorzeitig ein reichhaltiges Nährmedium für
Deine Pflanzen vorzubereiten, anstatt Deine Pflanzen auf einer
Bedarfsgrundlage mit chemischen Düngern zu versorgen. Die harte
Arbeit und Mühe, die Du in die Herstellung Deiner eigenen
natürlichen und biologischen Erde steckst, bevor Du Deine Samen
säst, wird sich zur Erntezeit in Bezug auf Geschmack und Qualität
gewaltig auszahlen.*

WIE DU DEINE EIGENE SUPERERDMISCHUNG FÜR CANNABIS VORBEREITEST

*Deine eigene Supererde zusammenzustellen, mag beängstigend
klingen, ist es aber eigentlich nicht. Das Konzept ist tatsächlich sehr
simpel: Du fängst mit einer biologischen Erde von guter Qualität an
und reicherst sie vorzeitig mit natürlichen Bestandteilen an. Sobald es
an der Zeit ist, Deine Samen zu säen, wirst Du ein reichhaltiges
Nährmedium bereitstehen haben, das Deine Pflanzen mit allem
versorgen wird, das sie für die Produktion von wunderschönen,
aromatischen Buds benötigen.*

SCHRITT 1: KAUFE DEINE AUSGANGSERDE

Die richtige Ausgangserde für Deine Cannabispflanzen auszuwählen, ist äußerst wichtig. Vergiss nicht, dass Cannabis gut durchlüftete, durchlässige und leicht saure Erde (ein pH-Wert von 6–6,5 ist ideal) mag. Falls möglich, willst Du Dich für eine biologische Erde entscheiden, die natürliche Bestandteile wie Wurmhumus, Kompost, Kokosfaser, Sand und mehr enthält. Obwohl diese Erden generell teurer sind, werden sie einen deutlichen Unterschied in Sachen Gesundheit Deiner Pflanzen sowie Qualität und Höhe Deiner Ernte ausmachen.

Einige andere Bestandteile, nach denen Du in biologischen Erden Ausschau halten solltest, sind:

Torf	Guano Dung		Steinstaub	Sand
Kokos faser	Natürliche Dünger (wie K-Mag)	Kiefern humus	Perlit	Vermiculit

Falls Du keine biologische Erde von guter Qualität mit mindestens einigen dieser Bestandteile finden kannst, dann mach Dir keine Sorgen. Gehe einfach in Deinen lokalen Gärtnereibedarf und kaufe eine neutrale Blumenerde. Du solltest Dich auch hier nach Möglichkeit wieder für eine leicht saure Erde entscheiden.

SCHRITT 2: REICHERE DEINE ERDE AN

Beginne, indem Du Deine Erde in einen großen Behälter füllst. Breche sie mit einer Grabegabel auf, damit sie gut durchlüftet ist. Sobald sie schön locker ist, kannst Du Deine Erde mit mehr natürlichen Bestandteilen anreichern, um ein reichhaltiges Nährmedium für Deine Cannabispflanzen herzustellen.

Einige Dinge, die Du Deiner Erde hinzufügen kannst:

Wurmhumus und/oder	Kaffeesatz Teeblätter	Eierschalen	Gemüse- und Obstschalen
Kompost	Kokosfaser	Perlit	Vermiculit
Sand	Knochenmehl	Blutmehl	Phosphatgestein
Bittersalz	Kalk	Dolomit	Organisches Düngergranulat

Gib diese Bestandteile einfach in Deine Erde und nutze Deine Grabegabel, um alles ordentlich zu vermengen.

Die "korrekte" Menge jedes Bestandteils, den Du in Deiner Supererde verwendest, wird von der Qualität Deiner Ausgangserde abhängen und davon, wie viel Zeit Du vor dem Anpflanzen hast. Bereite Deine Erde wenn möglich sechs Monate vor der Pflanzung vor. So wirst Du mehr der oben aufgelisteten Bestandteile nutzen können, da sie Zeit haben werden, richtig abgebaut zu werden.

Sobald sie zersetzt wurden, werden sie einen reichhaltigen Mutterboden für Deine Pflanzen erzeugt haben, der dem ähnelt, was ihnen in der Natur zur Verfügung stehen würde. Diese Supererde wird reich an Stickstoff, Phosphor und Kalium sowie all den anderen von uns zuvor erwähnten Mikronährstoffen sein.

Dieser Prozess braucht allerdings seine Zeit. Kompost braucht zum Beispiel irgendetwas zwischen ein paar Monaten bis zu einem Jahr, um fertig zu sein, und dies wirst Du berücksichtigen müssen, wenn Du Deinen Anbau planst. Gemüse- oder Obstabfälle allein können schon ein paar Monate brauchen, bis sie zersetzt sind.

Wenn Du sofort pflanzen willst, kannst Du trotzdem ein paar der oben aufgeführten Bestandteile nutzen. Du wirst nur vorsichtiger sein müssen, da Du sonst Gefahr laufen wirst, eine wirklich nährstoffreiche (oder "heiße") Erde herzustellen, die Deine Pflanzen sogar verbrennen kann. Als generelle Faustregel gilt, die folgenden Verhältnisse von Erde und anderen Bestandteilen zu verwenden:

- 4 *Teile Ausgangserde*
- 1 *Teil Wurmhumus*
- 1 *Teil Kokosfaser*
- 1 *Teil Perlit/Vermiculit (für zusätzliche Drainage)*
- 2,5–5% *Guano*
- 2,5% *Knochen- und/oder Blutmehl*

Wenn Du Mikronährstoffe wie Bittersalz, Azomite, Kalk und Dolomit in Deine Erde gibst, lies vorher immer die Anweisungen auf der Packung. Diese Nährstoffe sind sehr stark und können Nährstoffbrand verursachen, wenn sie nicht richtig eingesetzt werden.

SCHRITT 3: WASCHE DEINE SUPERERDE (WENN DU SOFORT IN IHR ANPFLANZEN WILLST)

Solltest Du nicht monatelang Zeit haben, um Deine eigene Supererde vorzubereiten, ist hier ein einfacherer, schnellerer Weg, um zu Hause Deine eigene Cannabiserde zusammenzustellen.

Kombiniere in den Töpfen, in denen Du anbauen willst:

- *3 Teile biologische Ausgangserde*
- *1 Teil Perlit*
- *1 Teil Wurmhumus*
- *½ Tasse Grünsand*
- *⅓ Tasse Guano*
- *½ Tasse Dolomitkalk*

Vermische alles mit Deiner Grabegabel und weiche die Erde dann für mindestens zwei Tage in reinem Wasser ein, wobei Du sie durchweg nass halten musst. Dies wird sicherstellen, dass Deine Erde nicht zu scharf für Deine Sämlinge ist. Erlaube dem Wasser abzufließen und dem Boden größtenteils zu trocknen, bevor Du anpflanzt. Sobald Du die Sämlinge einpflanzt, solltest Du darauf achten, die ersten drei Male nur mit reinem Wasser zu gießen.

SCHRITT 4: PFLANZE NICHT DIREKT IN HAUSGEMACHTER SUPERERDE AN

Es ist wirklich wichtig hervorzuheben, dass hausgemachte Supererde sehr nährstoffreich ist und nicht für Samen, Sämlinge oder Klone genutzt werden sollte. Diese jungen Pflanzen sind sehr empfindlich und werden in einem derart heißen Nährmedium an Nährstoffbrand leiden. Stattdessen solltest Du Deine Samen keimen lassen, Deine jungen Pflanzen mindestens in den ersten zwei Wochen in neutraler Erde halten und sie erst verpflanzen, wenn sie gut verwurzelt sind und drei oder mehr Knoten mit größeren Blättern entwickelt haben.

Schriftstücke aus China, Indien und Ägypten beschreiben die Nutzung von Cannabis als Rauschmittel und Therapeutikum vor etwa 4.000 Jahren. Nachdem Cannabis über Jahrtausende von Menschen auf vielfältige Weise genutzt wurde, geriet die Pflanze im 20. Jahrhundert jedoch in die Kritik.

Als Droge eingestuft, wurde ihre Verwendung als Rauschmittel fast weltweit verboten und die legale Nutzung stark eingeschränkt. Selbst Nutzhanf wurde weitgehend von den Feldern verbannt. Nur langsam erfolgten in den letzten Jahren neue Bewertungen und Freigaben, um den Nutzhanfanbau wieder zu fördern und Cannabis auch als Genussmittel und Medizin zu rehabilitieren. In diesem Artikel schauen wir uns die Geschichte, die Eigenschaften und die zahlreichen Inhaltsstoffe von Cannabis genauer an.

Cannabis – die Pflanze
Cannabis ist der lateinische Name für die Hanfpflanze. Die Begriffe können also synonym verwendet werden. Noch immer herrscht keine Einigkeit darüber, ob es in der Familie der Cannabisgewächse mehrere Arten gibt. Unterschieden werden unter anderem Cannabis sativa, Cannabis indica und Cannabis ruderalis. In Forscherkreisen gibt es zwei Lager: Während die einen vermuten, dass es sich um eine einzige Art (Cannabis sativa) mit mehreren Variationen handelt, fordern andere eine Unterteilung in die beiden Arten Cannabis sativa und Cannabis indica.

Sativa-Pflanzen erreichen mitunter eine Höhe von bis zu drei Metern und haben schmale Blätter. Pflanzen vom Typ Indica werden nicht so hoch und haben breitere Blätter. Sind die Umgebungsbedingungen ähnlich, wachsen und reifen Indica-Pflanzen schneller heran als Sativa-Sorten. Die beiden „Arten" unterscheiden sich auch im Geruch.

44

Dieser ergibt sich aus bestimmten Kombinationen von Terpenen, Duftstoffen in den weiblichen Cannabisblüten. Mehr Informationen zu Terpenen und weiteren Inhaltsstoffen.
Die Cannabispflanze ist zweihäusig. Das bedeutet, es gibt männliche und weibliche Pflanzen. Weibliche Pflanzen bringen Blüten hervor, „Buds" genannt, die drüsenartige Strukturen (Trichome) enthalten, in denen die Cannabinoide und Terpene erzeugt werden. Männliche Pflanzen bilden mit Pollen gefüllte Säckchen, mit denen weibliche Pflanzen befruchtet werden können. Geschieht das, bilden sich Samen, aus denen neue Cannabispflanzen wachsen.

Bei der Produktion von Cannabis zu medizinischen Mitteln und Rauschmitteln wird die Befruchtung der Pflanzen vermieden. Benötigt werden ausschließlich die weiblichen Pflanzen, denn nur sie produzieren die Cannabinoide, die für die Wirkungen von Cannabis verantwortlich sind. Sobald das Geschlecht der Pflanzen während des Anbaus unterschieden werden kann, werden die männlichen Pflanzen entfernt.
Cannabis als Rauschmittel – Herkunft und Geschichte
Die Geschichte der Verwendung von Cannabis als Rauschmittel ist lang. Aufzeichnungen, die diese Art der Nutzung belegen, reichen etwa 4.000 Jahre bis nach Indien und China zurück. Dort galt die Pflanze als heilig und wurde im Rahmen religiöser Riten verwendet. Im Laufe der Jahrtausende wurde Cannabis stets sowohl zu therapeutischen Zwecken als auch als Rauschmittel verwendet.

Erst zu Beginn des 20. Jahrhunderts wurde Cannabis im Rahmen der zweiten Opiumkonferenz als Droge eingestuft und der Handel und Konsum begrenzt. Seit einiger Zeit vollzieht sich jedoch ein Wandel.

45

In verschiedenen Ländern werden inzwischen Gesetze geschaffen oder diskutiert, um den Konsum von Cannabis zu Genusszwecken zu legalisieren oder zumindest zu entkriminalisieren.

Cannabisblüten sind auch unter Bezeichnungen wie Gras, Weed und Marihuana bekannt. Wird das von den weiblichen Pflanzen produzierte Harz geerntet und gepresst, spricht man von Haschisch. Aktuell wird geschätzt, dass rund 4 Prozent der Weltbevölkerung oder 200 Millionen Menschen Cannabis konsumieren.

Die Geschichte von Cannabis als Medizin
Die Verwendung von Cannabis zu therapeutischen Zwecken wurde erstmals in China erwähnt. Von Indien gelangte die Kunde der Cannabiswirkung ins alte Persien sowie in das Assyrische Reich. Von dort verbreitete sich das Wissen über die folgenden Jahrhunderte weiter zu den Skythen, bis ins alte Griechenland und Rom und nach Afrika und in den Mittleren Osten.

Im mittelalterlichen Europa waren Nonnen und Mönche die Heilkundigen. Sie wussten auch um die heilsamen Wirkungen von Cannabis. Erste Erwähnungen finden sich in den Schriften der Benediktinerin Hildegard von Bingen. Sie beschrieb nachweislich die Wirkungen von Cannabis als sinnvoll für die Behandlung von Geschwüren und Wunden, bei rheumatischen und Atemwegserkrankungen sowie bei Magen-Darm-Beschwerden und Übelkeit. Auch die schmerzstillenden Eigenschaften erwähnt sie in ihren Schriften.

In Europa galt Cannabis im 19. Jahrhundert regelrecht als Allheilmittel. Cannabisextrakte wurden in Apotheken hergestellt und verkauft. Zwischen 1842 und 1900 basierte die Hälfte aller verkauften Medikamente auf Cannabis.

Es ersetzte Opium bei der Behandlung von Kopfschmerzen und Migräne, Nervenschmerzen, Rheuma, (epileptischen) Anfällen und Krämpfen.

Cannabis – die Inhaltsstoffe

Mehr als 500 unterschiedliche chemische Verbindungen wurden in unterschiedlichen Cannabissorten nachgewiesen. Herausstechend und namensgebend sind die Cannabinoide. Mehr als 120 verschiedene wurden inzwischen identifiziert. Nur wenige davon sind bisher erforscht. Das meiste Wissen wurde zum psychoaktiven und rauscherzeugenden Cannabinoid THC (Tetrahydrocannabinol) gesammelt. Ebenfalls im Fokus der Forschung steht das zweithäufigste Cannabinoid, das CBD (Cannabidiol). Daneben gibt es weitere Inhaltsstoffe, die für den Geruch, Geschmack und die Wirkungen der einzelnen Sorten mitverantwortlich sind, vor allem die Terpene und Flavonoide.

Cannabispflanzen haben verschiedene Inhaltsstoffe, die für Geruch, Geschmack und Wirkung verantwortlich sind.

Cannabinoide – die wichtigsten Wirkstoffe

Cannabinoide, die von Pflanzen wie der Cannabispflanze hergestellt werden, heißen auch Phytocannabinoide. Bis jetzt sind mehr als120 verschiedene (Phyto-)Cannabinoide identifiziert worden. Allen gemeinsam ist ein charakteristisches chemisches Grundgerüst. Die Cannabinoide, die neben THC und CBD am häufigsten vorkommen, sind Cannabinol (CBN), Cannabigerol (CBG), Cannbichromen (CBC) und einige weitere.

Phytocannabinoide können im menschlichen Körper an bestimmte Rezeptoren, die Cannabinoidrezeptoren, andocken und auf diese Weise Wirkungen erzeugen. Je nachdem, welche Rezeptoren angesteuert werden und welche biochemische Reaktion dadurch ausgelöst wird, sind die Wirkungen unterschiedlich.

Welche Effekte THC und CBD im Körper haben. Von einigen anderen Cannabinoiden sind Wirkmechanismen in Teilen bekannt, viele andere sind noch nicht erforscht.

Terpene – der Duft von Cannabis

Terpene sind eine große Gruppe chemischer Verbindungen, die von Natur aus in Pflanzen vorkommen. Sie gehören zu den sogenannten sekundären Pflanzenstoffen. Für Pflanzen spielen sie eine wichtige Rolle, weil sie beispielsweise die Interaktion mit Tieren beeinflussen. Was abstrakt klingt, bedeutet beispielsweise, dass Pflanzen Duftstoffe aussenden, die bestimmte Insekten für die Bestäubung anlocken. Aber auch zur Abschreckung von Fressfeinden werden Terpene von Pflanzen eingesetzt. Häufig handelt es sich um ätherische Öle. In der Cannabispflanze sind sie für das typische Cannabisaroma verantwortlich.

Mehr als 150 unterschiedliche Terpene sind bekannt, jedes mit einer eigenen Duftnote, Geschmack und – wahrscheinlich – medizinischen Wirkungen. Es gibt einige Terpene isoliert als ätherische Öle, wie beispielsweise das Linalool, das für den typischen Geruch von Lavendel verantwortlich ist.

Von Lavendel weiß man um seine beruhigende, schlaffördernde Wirkung. Doch nicht über jedes Terpen ist bekannt, welche medizinische Wirkung es hat. Dennoch ist davon auszugehen, dass bestimmte Eigenschaften von unterschiedlichen Cannabissorten von der Mischung der Terpene abhängt und nicht nur von Cannabinoiden.

Zu den häufigsten der in Cannabis enthaltenen Terpene gehören Limonen, (Beta-)Myrcen, (Alpha-)Pinen, Linalool, (Beta-)Caryophyllen und Humulen.

Flavonoide in Cannabis

Flavonoide sind ebenfalls in Cannabispflanzen enthalten – allerdings auch in jeder anderen Pflanze. Sie gehören wie die Terpene zu den sekundären Pflanzenstoffen. Flavonoide sind für die Farben von Obst und Gemüse, aber auch von Blüten verantwortlich. Auch typische Gerüche wie beispielsweise der von Zwiebeln werden durch Flavonoide erzeugt. In der Pflanze erfüllen Flavonoide, ebenso wie Terpene, wichtige Aufgaben. So helfen sie beispielsweise dabei, schädliche und aggressive Moleküle zu neutralisieren und auf diese Weise die Pflanze zu schützen.

Über einige der in der Cannabispflanze gefundenen Flavonoide ist bekannt, dass sie entzündungshemmende und krebshemmende Wirkung haben. Die Cannabinoide, allen voran THC und CBD, haben zwar eine wichtige Funktion für die Wirkung von Cannabis.

Sehr wahrscheinlich macht aber erst das Zusammenwirken mit Terpenen und Flavonoiden das Wirkspektrum komplett. Vermutungen darüber gibt es schon länger. Gemeint ist der sogenannte Entourage-Effekt. Das bedeutet, dass die Effekte der unterschiedlichen Substanzen sich gegenseitig beeinflussen, verstärken oder auch abschwächen, sodass eine spezifische medizinische Wirkung entsteht.

3.3 Notwendige Ausrüstung und Werkzeuge

Erfolgreiche Anbauunterfangen haben unabhängig von der Ausstattung ein paar Gemeinsamkeiten. Diejenigen, die das beste Gras anbauen, nutzen die richtigen Werkzeuge für den Job. Egal, welche Anbaumethode Du bevorzugst – ob Bio- oder Hydrokultur – Du brauchst diese 10 unentbehrlichen Werkzeuge.

Jeder Indoor-Anbau muss gewartet werden und auch die Cannabispflanzen brauchen etwas liebevolle Pflege. Es gibt keine komplett autonome Aufzucht! Egal, ob Du ein Mikro-Grower mit einem kleinen Zuchtzelt bist oder das Glück hast einen größeren Anbauraum zu haben: Du brauchst immer die gleichen gängigen Werkzeuge.

In der Tat brauchst Du 10 unentbehrliche Werkzeuge. Keines der auf dieser Liste aufgeführten Werkzeuge könnte als hochpreisiger Luxus angesehen werden. Diese kostengünstigen, einfachen Werkzeuge machen den Unterschied, mache nicht den Fehler sie zu unterschätzen! Hol Dir diese Grundausstattung, bevor Du einen Samen keimst.

1. PIPETTEN

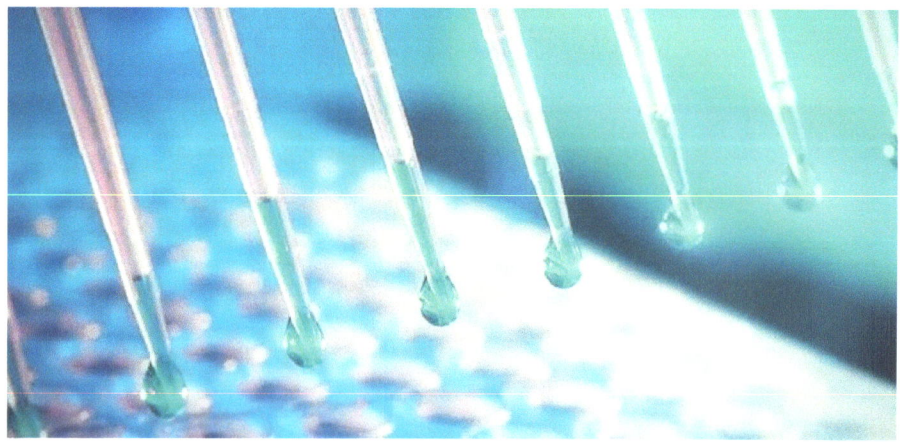

Flüssigdünger präzise zu dosieren ist entscheidend, um sicherzustellen, dass Deine Nährlösung richtig eingestellt ist. Wenn Du von einem Dünger nur 1ml zu viel oder zu wenig hinzufügst, kann es sein, dass die gesamte Formel nicht mehr synchron ist. Dies kann zu pH-Problemen, Überdüngung oder Nährstoffausschluss führen.

Eine Handvoll 3ml oder 5ml Pipetten aus Plastik kosten ca. 2€. Die meisten anständigen Grow Shops belohnen den Kauf eines kompletten Satzes von Cannabisdüngern mit einigen gratis Pipetten. Nach der Verwendung solltest Du sie mit Wasser ausspülen, so bleiben sie lange sauber.

In Erde wachsendes Cannabis bevorzugt einen pH-Wert zwischen 6,0 und 6,5, bei Coco oder Hydro brauchst Du einen geringfügig niedrigeren Wert um die 5,8–6,3. Jedes Mal, wenn Du Deine Pflanzen gießt, musst Du sicherstellen, dass der pH-Wert korrekt ist. Ein pH-Meter ist eine lohnende Investition, um sicherzustellen, dass Du jedes Mal alles richtig machst. Selbst wenn Du Dünger verwendest, die den pH-Wert selbst anpassen: Es ist immer praktisch, zumindest ein grundlegendes Farbstreifen-Set zu haben, um 100%ig sicher zu sein.

3. *TASCHENMIKROSKOP*

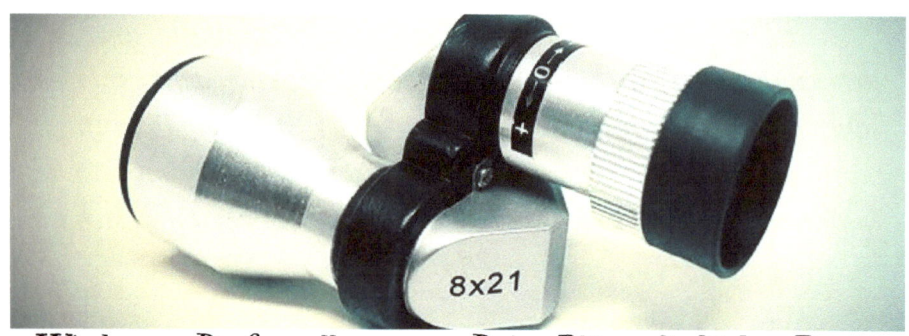

Wie kannst Du feststellen, wann Deine Blüten die höchste Potenz erreicht haben und bereit für die Ernte sind? Klar, Du kannst das einfach mit dem bloße Auge abschätzen! Aber wenn Du Dir die Trichome genauer anschauen und wirklich sicher sein willst, dann brauchst Du ein Taschenmikroskop.

Harzdrüsen, die noch unreif sind und klare Köpfchen haben, können mit bloßem Auge bereits milchig aussehen. Außerdem ist bekannt, dass die Blütennarben während des Spülens die Farbe von weiß nach braun ändern, selbst wenn die Blüten eigentlich noch nicht reif sind. Nur ein Mikroskop kann Dir ein klares Bild der Harzdrüsen aus nächster Nähe vermitteln. So kannst Du sehen, ob sie klar, milchig oder bernsteinfarben sind.

4. PANZER-TAPE

Das universelle Wunderwerkzeug! Eine Rolle hochwertiges Klebeband ist quasi der Erste-Hilfe-Kasten jedes Heimzüchter. Falls irgendwas kaputt geht, sei es ein abgebrochener Ast oder ein Teil des Zuchtzelts: Mit Panzer-Tape kann man im Notfall so einiges wieder zusammenkleben! Im besten Fall brauchst Du es nie! Aber wenn beim Anbau mal irgendetwas schief geht, wirst Du froh sein, wenn Du eine Rolle zur Hand hast.

5. KABELBINDER

Im Anbaubereich muss immer irgendetwas gesichert werden. Kabelbinder sind diese Art von Werkzeug, von der man erst merkt das man sie braucht, wenn es unmöglich ist ohne sie weiterzumachen. Vielleicht musst Du die Ecken eines ScrOG an Ort und Stelle halten oder ein paar Drähte ordnen, die unbeholfen vor der Lampe hängen: Kabelbinder können Dir den Tag retten!

6. THERMO-HYGROMETER

Vielleicht der wichtigste Gegenstand ist ein Thermo-Hygrometer. Die Schaffung des perfekten Mikroklimas ist beim Anbau von Cannabis das A und O! Du kannst das Klima im Zuchtzelt weder verstehen noch regeln, wenn Du keine genauen Daten hast! Das Thermo-Hygrometer misst sowohl die Temperatur als auch die Luftfeuchtigkeit und liefert Dir die Daten auf einem gut ablesbaren LCD-Display. Jeder anständige Grow Shop bietet solche Geräte für weniger als 20€ an.

7. REINIGUNGSALKOHOL

Gras wird nicht umsonst als grün und klebrig bezeichnet! Reinigungsalkohol ist daher die optimale Putzhilfe für Heimzüchter. Du kannst alle klebrigen Rückstände mit einer Flasche und einem sauberen Tuch sterilisieren und entfernen. Sterilisiere jede Oberfläche und halte den Anbaubereich so sauber wie möglich, bevor Du Pflanzen hineinstellst. Du kannst mit dem Reinigungsalkohol sogar Deine Scheren reinigen!

8. GARTENSCHERE

Du musst eine saubere Schere zur Hand haben. Selbst wenn Du Deine Pflanze weder beschneiden noch entlauben willst, spätestens zur Erntezeit brauchst Du auf jeden Fall eine Schere! Ideal ist eine Schere mit langen, dünnen und scharfen Klingen. Vor allem sollte die Schere aber gut in der Hand liegen.

9. AUGENSCHUTZ

Du kannst beim Anbauen wirklich blind werden! HID-Lampen und LEDs werden Deine Sehkraft ruinieren. Wenn Du planst, langfristig (sicher) anzubauen, brauchst Du eine Schutzbrille. Method Seven entwirft die schicksten Schutzbrillen für den Anbau, die leicht mit einem Designer-Modell verwechselt werden könnte! OK, sie sind ein wenig teuer, aber sie sehen sehr cool aus!

10. *SEILZÜGE*

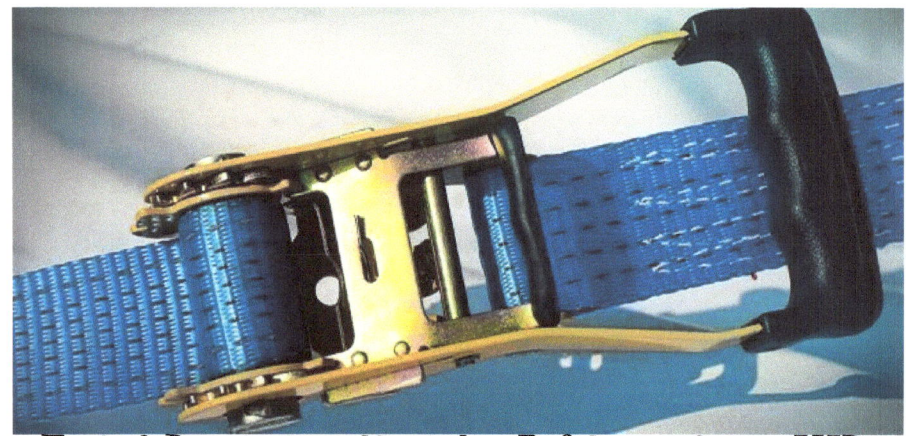

Egal, ob Du mit einem klassischen Reflektor und einer HID-Lampe oder einem modernen LED-System anbaust: Du musst die Lampen richtig aufhängen! Die meisten Aluminiumreflektoren sind ziemlich leicht und können normalerweise mit Easy-Rolls aufgehängt werden. Aber moderne LED-Panele sind ziemlich schwer und brauchen stärkere Unterstützung. Seilzüge sind super stabil und einfach einzustellen.

4.Aussaat und Keimung

4.1 Auswahl hochwertiger Samen:

Wie erkennt man, ob man hochwertige Cannabis Samen hat?

Jüngsten Schätzungen zufolge wurde der globale Cannabismarkt im Jahr 2020 auf 20,5 Milliarden USD geschätzt. Dieselben Statistiken deuten darauf hin, dass der Marihuanamarkt bis 2026 90,4 Milliarden USD erreichen wird, was einer beeindruckenden durchschnittlichen jährlichen Wachstumsrate (CAGR) von 28 % entspricht.

Da die Cannabisindustrie einen optimistischen Ausblick projiziert, ist es nicht verwunderlich, dass viele Investoren jetzt um einen Anteil des Sektors ringen. Eine geniale Möglichkeit, in die lukrative Cannabisindustrie zu investieren, besteht darin, Züchter oder Züchter zu werden.

Aber wie die meisten Landwirte stehen Marihuana-Züchter vor verschiedenen Herausforderungen, einschließlich der Auswahl der richtigen Cannabissamen. In diesem Beitrag heben wir alles hervor, was man wissen muss, bevor man sich für Cannabissamen entscheidet, mit besonderem Augenmerk darauf, wie man hochwertige Marihuanasamen von gefälschten unterscheidet.

Warum sind diese Informationen wichtig?
Es spielt keine Rolle, ob Du dich entschieden hast, Marihuana für kommerzielle Zwecke oder als Hobby anbaust. Es ist wichtig, die Bedeutung der Investition in hochwertige Cannabissamen zu schätzen.

Zahlreiche Dinge könnten schief gehen, wenn man die Qualität der von Dir gepflanzten Cannabissamen ignoriert.
Für den Anfang ist das Pflanzen von Cannabs-Samen von geringer Qualität eine der sichersten Möglichkeiten, sich auf schlechte Ernten einzustellen.
Cannabs-Samen von geringer Qualität sind auch für ihre langsame Wachstumsrate berüchtigt. In einigen Fällen können diese Samen dauerhaft im vegetativen Stadium bleiben. Und wie Du vielleicht bereits weißt, kann man Marihuana erst ernten, wenn die Pflanzen in ihren Blütezyklus eingetreten sind und diesen abgeschlossen haben.

Im schlimmsten Fall können minderwertige Cannabissamen überhaupt nicht keimen.

Was macht Cannabissamen schlecht?

Der Begriff „schlecht" kann sehr subjektiv sein, je nachdem, was beschrieben wird.

Zunächst einmal werden Cannabissamen als „schlecht" angesehen, wenn die Samen eines der drei Probleme verursachen, die wir bereits oben hervorgehoben haben, einschließlich;

Niedrige Keim rate

Langsame Wachstumsrate

Unfähigkeit, zwischen den beiden Hauptwachstumsphasen, nämlich der vegetativen Phase und der Blütephase, zu wechseln

Cannabissamen gelten auch als „schlecht", wenn vermeintlich Feminisierte Samen männliche Cannabispflanzen hervorbringen.

Als Cannabis-Züchter ist es das Hauptziel, die Ernten zu optimieren. Dies sollte organisch geschehen. Aber wenn Du eine beträchtliche Anzahl männlicher Cannabispflanzen in deiner Marihuana-Anlage hast, können die männlichen Pflanzen die weiblichen Pflanzen bestäuben, wenn sie ausgewachsen sind. Das sind schlechte Nachrichten für den Marihuana-Anbau.

Grundsätzlich bewirkt die Bestäubung, dass weibliche Marihuana-Pflanzen Samen produzieren. Wenn das passiert, verbrauchen diese Pflanzen deutlich weniger Energie, um hochwertige Blüten zu produzieren. Blüten von geringer Qualität führen zu schlechten Ernten. Beachte, dass Cannabinoide (pharmakologisch nützliche Verbindungen in Marihuana) wie Cannabidiol (CBD), Tetrahydrocannabinol (THC) und Cannabigerol (CBG) normalerweise in den Blüten konzentriert sind. Von der Bestäubung weiblicher Marihuana-Pflanzen wird ebenfalls abgeraten, wenn Züchter bestimmte genetische Merkmale bewahren müssen. 59

Glücklicherweise kann man weiblichen Marihuana-Pflanzen vor übermäßiger Bestäubung schützen, indem feminisierte Samen gekauft werden. Theoretisch sollten feminisierte Samen weibliche Pflanzen hervorbringen. Leider gibt es keine Möglichkeit, einfach durch visuelle Indikatoren festzustellen, ob Cannabissamen feminisiert sind. Das unterstreicht, wie wichtig es ist, seine Marihuana-Samen von seriösen Anbietern zu kaufen. Nicht zuletzt können Cannabissamen als „schlecht" gelten, wenn sie zu den falschen Sorten gehören. Nun, es gibt keine richtige und falsche Cannabissorte. Es hängt davon ab, wonach Du suchst und welche Sorten Du als Bezugspunkt verwendest. Wie Du feststellen wirst, unterscheiden sich Cannabissorten leicht in Bezug auf verschiedene Parameter, wie z. B. die Reifezeit, das Ertragsvolumen, die physikalischen Eigenschaften und die allgemeine Widerstandsfähigkeit.

4.2 Optimaler Zeitpunkt für die Aussaat:

Die ersten Sonnenstrahlen im Frühling sind der Auftakt, der den von so manchem Konsument am heißesten herbeigesehnten Moment des Jahres ankündigt.
Die Saison des Outdoor-Anbaus sichert vielen einen guten Vorrat für den Winter. Doch lieber Grower, hier ist Vorsicht geboten: Die Auswahl des richtigen Zeitpunktes für die Keimung Ihrer samen setzt klare Grenzen im Hinblick auf das Vorher und Nachher Ihrer Ernte.

Mitunter ist es schwierig, zu wissen, wann der optimale Zeitpunkt dafür gekommen ist. Ein gängiger Irrtum besteht darin, sich durch das augenblickliche Gefühl leiten zu lassen und die Keimung überstürzt anzugehen. Nachfolgend geben wir Ihnen Tipps, um abhängig von Ihrem Wohnort zu bestimmen, wann der richtige Zeitpunkt gekommen ist. Praktische und einfache Tipps, die Ihnen die Auswahl des optimalen Datums ermöglichen. Fangen wir an.

Tipp Nr. 1: Zügeln Sie Ihre Begierde

Häufig passiert es, dass man sich von seiner Spannung und der Lust leiten lässt, mit dem Anbau zu starten. Das ist normal: Den ganzen Winter lang haben Sie diesen Zeitpunkt herbeigesehnt. Jetzt ist er gekommen und Sie wissen nicht, wann Sie loslegen sollen. Das ist exakt einer der typischsten Irrtümer hinsichtlich des Outdoor-Anbaus: Eine verfrühte Anpflanzung. Im Frühling ist das Klima äußerst instabil und kann Ihnen schnell einen Streich spielen. Hier kommt Ihrer Aufmerksamkeit eine wichtige Rolle zu.

Eile mit Weile

Ein verbreiteter Glaube besteht darin, dass sich der Prozess bei frühzeitiger Anpflanzung beschleunigt und man schon vorher ernten kann.

61

Das ist falsch. Nicht durch das verfrühte Anpflanzen werden Ihre Pflanzen größer und besser oder die Ernte erfolgt früher. Hier ist es angebracht, seine Begierde im Zaum zu halten und geduldig auf den optimalen Zeitpunkt zu warten, nämlich dann, wenn das gute Wetter Einzug gehalten hat.

Temperaturschwankungen können in der ersten Wachstumsphase der Pflanze fatal sein. Aufgrund ihrer geringen Größe ist sie schwach und sensibel. Können eine stundenlange, kontinuierliche Sonneneinstrahlung und gutes Wetter nicht sichergestellt werden, ist es möglich, dass sie nicht mit der erforderliche Kraft wächst und sogar sterben kann.

Bei den Autoflowering-Varietäten kann es passieren, dass es Sie teuer zu stehen kommt, wenn Sie sie verfrüht anpflanzen. Der Lebenszyklus dieser Genetik ist sehr kurz und ein schlechter Start kann katastrophale Folgen nach sich ziehen. Da selbstblühende Pflanzen einen Lebenszyklus von nur zweieinhalb Monaten aufweisen, kommt es zu einem Wachstumsstillstand, wenn in den ersten beiden Wochen schlechtes Wetter herrscht. Bis dann wieder die Sonne scheint und sie in der Lage sind, sich zu erholen, ist es bereits zu spät.

Sowohl bei den selbstblühenden als auch bei den regulären oder feminisierten Samen raten wir davon ab, sie verfrüht anzupflanzen – das ist nämlich ein Fehler. Der Lebenszyklus macht den Unterschied bei den Pflanzen aus. Bei den regulären oder feminisierten Samen ist mehr Zeit für die Entwicklung der Pflanze vorhanden, d. h. der Zeitraum des Wachstums ist länger (etwas 3 Monate). Es besteht dann ein längerer eitraum für die Erholung und der ursprüngliche Fehler hat weniger gravierende Auswirkungen.

Bringen wir ein Beispiel an...

Stellen wir uns vor, das Wetter wird gut – plötzlich stehen sieben Sonnen am Himmel. Folglich lassen Sie den Mantel im Schrank und holen die Sommerkleidung heraus: Da hat man Lust, baden zu gehen, im Straßencafé zu sitzen... Sie sind motiviert und so richtig gut drauf. Nun beschließen Sie, Ihre Marihuana-Samen keimen zu lassen, denn wie es so schön heißt: „Was du heute kannst besorgen, das verschiebe nicht auf morgen". Also schreiten Sie zur Tat. In einer Woche sind Ihre Pflänzchen bereits soweit; sie sind in den Blumentopf gepflanzt, der draußen steht, um das gute Wetter zu nutzen. Krasser Irrtum!

Alles Traum und Wunschdenken: Das Frühjahr spielt uns in der Regel Streiche und eine Woche später gießt es schon wieder wie aus Kübeln. Ihre Pflanzen, die kaum einen Schritt weitergekommen sind, befinden sich in einem völlig durchnässten Substrat. Die wenigen Wurzeln, die sich entwickelt haben, stehen im Wasser, die Blätter wachsen nicht und die Pflanze ist im Wachstumsstillstand. Bei den selbstblühende Pflanzen ist es bereits zu spät, bis ihre Kraft zurückkehrt, denn sie wachsen nur einen Monat lang (die Blüte beginnt ca. ab dem 25. – 28. Tag). Das Endergebnis wird zur Kastastrophe. Bestenfalls entwickelt sich eine mickrige Pflanze mit einer geringen Produktion und schlechter Qualität. Schlimmstenfalls stirbt sie.

Wenn Sie feminisierte oder reguläre Samen angepflanzt haben, ist die Wachstumszeit drei Mal so lang; anstelle von 4 Wochen sind es 12. Dies ist ein Zeitrahmen und obwohl die Pflanze anfangs gelitten hat, kommt der Zeitpunkt, zu dem sie sich erholen kann und sich einen Ruck gibt. Jedenfalls ist es immer besser, die klimatischen Faktoren zu berücksichtigen und die Pflanze zum geeigneten Zeitpunkt zum Keimen bringen. Je weniger die Pflanze Stress ausgesetzt ist und leidet, desto besser wird das Endergebnis.

Tipp Nr. 2: Berücksichtigen Sie das Klima Ihrer Zone
Der Zeitpunkt des Keimens variiert je nach Zone. Je nachdem, wo Sie leben, herrschen andere klimatischen Bedingungen. Daher ändert sich der Zeitpunkt. Obwohl Sie jede Menge Informationen finden, in denen der geeignete Zeitpunkt zugesichert wird, raten wir davon ab, sie für bare Münze zu nehmen. Beobachten Sie lieber das Wetter und stellen Sie sicher, dass es wirklich gut ist. Nachfolgend finden Sie Daten zur Orientierung, die Ihnen als Richtlinien dienen können:

Mediterranes Klima: Die Temperaturen sind milder. Allgemein reicht der übliche Zeitraum für die Keimung vom 01. April bis zum 30. Mai, wobei der optimale Zeitpunkt in der Regel jedoch Anfang Mai ist.

Nicht mediterranes Klima (Kontinental-, Atlantik-, Gebirgsklima) In diesen Klimazonen kann man die Pflanzen in der Regel vom 01. Mai bis zum 30. Juni keimen lassen. Der günstigste Zeitpunkt ist Anfang Juni.

Jede Saison ist anders; sie kann früher oder später beginnen. Wie bereits erwähnt, ist beispielsweise am Mittelmeer in der Regel Ende April oder Anfang Mai der optimale Zeitpunkt, um die Pflanzen keimen zu lassen. Je nach Jahr kann jedoch auch vorkommen, dass es früher warm wird oder das Gegenteil der Fall ist; es beginnt sehr kalt und der Sommer zieht sich bis zu den Monaten September/Oktober hin. Sie sollten diesen Schwankungen gegenüber sehr aufmerksam sein, um den Zyklus Ihrer angebauten Pflanzen anzupassen, d. h. ihn nach vorne oder hinten zu verlegen.

Wenn Sie mit dem Anbau beginnen und Ihr Wissen über Marihuana im Besonderen und über Botanik im Allgemeinen spärlich ist, hier ein Trick: Fragen Sie nach und beobachten Sie. Die meisten Regeln, die für das Keimen von Cannabis-Pflanzen Anwendung finden, gelten in der Regel auch für den Anbau von Gemüse. Wenn Sie also Ihren Nachbarn beim Säen beobachten, bringen Sie Ihre Samen zum Keimen.

Beobachten Sie, ob die Bauern aus Ihrem Ort mit der Anpflanzung ihres Sommergemüses beginnen. Normalerweise weisen sie eine bereits lebenslange Erfahrung im Anbau auf und sind Experten in der Beobachtung und Deutung meteorolgischer Zeichen. Wenn Sie also sehen, dass sie mit Paprika und Tomaten zugange sind, ist das

Ihr Zeichen: Der Moment ist gekommen. Wenn Sie niemanden kennen, der sich damit befasst, können Sie immer noch die nächstgelegene Baumschule besuchen.

Schlussfolgerung

Der optimale Zeitpunkt ist dann, wenn die Sonneneinstrahlung ausreicht und lange genug ist; kurz gesagt bei gutem Wetter – so einfach ist das! Dies ist keine exakte Wissenschaft. Es ist hier nicht angebracht, sich von einem starren, unbeweglichen Zeitplan leiten zu lassen. Wie bereits erwähnt, liegt der Schlüssel darin, die Zeichen aufmerksam zu verfolgen und zu versuchen, die Launen der Natur zu umgehen. Sie sollten sichergehen, dass das gute Wetter dauerhaft Einzug gehalten hat.

Überprüfen Sie, ob der Ort, an dem Sie Ihren Anbau vornehmen möchten, gen Süden ausgerichtet ist. Ideal wäre es, wenn Ihre Pflanze täglich 12 Sonnenstunden ausgesetzt ist. Schließlich raten wir, sich das entsprechende Material stets im Gartenfachmarkt zu besorgen.

Jetzt wissen Sie, wo sie anfangen und haben eine gute Grundlage, um dieses Abenteuer erfolgreich zu starten.

4.3 *Schritte der Keimung*

Cannabis-Samen keimen leicht gemacht: Schritt-für-Schritt-Anleitung
Um Cannabis-Samen zu keimen, gibt es einige bewährte Methoden und Vorlieben. Hier sind 4 Wege zum Erfolg und auch ein paar Fehler, die vermieden werden sollten.

Die Wasserglas-Methode:

Fülle ein Glas mit nicht zu kaltem (~20-25°C) Wasser und lege die Samen ein.

Stelle das Glas an einen dunklen, ebenso warmen Ort. Gute frische Samen sollten im Glas absinken.

Wenn nach 24-48 Stunden noch keine Wurzelspitze sichtbar ist, sollte das Wasser gewechselt werden. Dies sorgt für frischen Sauerstoff im Wasser. Je nach Samen kann der Prozess ein paar Tage dauern. Die gekeimten Samen können vorsichtig, nicht zu tief (~5 mm) in das weitere Substrat gepflanzt werden.

Die Papierhandtuch-Methode:

Lege die Samen auf ein angefeuchtetes Papiertuch und decke sie mit einem weiteren Tuch ab.

Platziere die Tücher in einem Plastikbeutel, Kunststoff- oder Glasgefäß und halte sie dunkel und warm (~20-25°C). Überprüfe täglich die Feuchtigkeit und lüfte das Behältnis, um Fäulnis und Schimmelbildung zu vermeiden.

Die gekeimten Samen können vorsichtig, nicht zu tief (~5 mm), in das weitere Substrat gepflanzt werden.

Die „Jiffy"-Methode:

Seit der Entwicklung der Jiffy-Pots in den 1950er Jahren steht „Jiffy" für viele Arten von Quelltöpfen. Ursprünglich bestanden diese aus gepresstem Torf und waren mit einem Netz umhüllt. In den 1990er Jahren kamen weitere Varianten auf, die aus Kokos oder Kompost bestanden. B. JoPlug oder Eazy Plug auf den Markt.

Auch von Romberg, dem früheren Vertriebspartner von Jiffy, findest Du hier im Shop eine Selektion der besten Produkte. Gepresste Quelltabs werden zum Quellen in Wasser gelegt, andere Blöcke können schon fertig im Tray gekauft werden.

Die Keimtöpfe haben oben schon ein Loch. Die Samen sollten in ein nicht zu tiefes Loch (~ 5 mm) versenkt werden. Bedecke das Loch oben sanft mit dem Substrat und stelle es an einen warmen Ort (~25 °C).

Die Samen sind vor Licht geschützt (Dunkelkeimer) und können daher als Wärmequelle auch schon beleuchtet werden. Sobald Keimlinge sichtbar sind, sollte die Lichtintensität sanft aber zügig gesteigert werden, um gestrecktes Wachstum („Spargeln") zu vermeiden.

Die Hydromedium-Methode:

Keimlinge können in Hydrokultur gepflanzt werden. Viele Grower verzichten auf feines organisches Medium und keimen die Samen stattdessen in luftigem Hydrosubstrat. Dadurch wird das Risiko einer späteren Staunässe am Wurzelhals vermieden.

Für solche Anwendungen können zur Keimung z. B. Perlite, Seramis, feines Hydrogranulat oder möglichst luftige Steinwollwürfel (Rockwoolcubes) verwendet werden. Auch hier gilt wieder die Grundregel für Keimsubstrat: Warm und feucht, aber nicht zu nass.

Um Dich auf Deine bevorstehende Keimung bestmöglich vorzubereiten, hier ein paar weitere Tricks:

Bei älteren oder schwer keimenden Samen verwenden manche Züchter Schmirgelpapier. Dies wird verwendet, um die Oberfläche der Samen aufzurauen und die Feuchtigkeitsaufnahme der Samenschale zu begünstigen. (Skarifizierung bzw. Skarifikation genannt).

Dazu formt man mit sehr feinem Schleifpapier eine kleine Röhre und verschließt die Enden. Dann werden die Samen darin sanft geschüttelt.

Die Temperatur sollte während der gesamten Keimphase nie unter ~20°C sinken. Wenn das natürlich nicht machbar ist, kann man auf Heizmatten, Heizkabel sowie Thermostate zurückgreifen. Bei uns im Shop gibt es eine große Auswahl an solchen.

Wenn die tägliche Feuchtigkeitskontrolle nicht möglich ist, empfiehlt sich ein kleines Gewächshaus. Dadurch wird die Luftfeuchtigkeit erhöht und die Verdunstung verzögert. Achte hierbei darauf, dass dieses nicht ganz geschlossen sein sollte oder gelegentlich gelüftet wird.

Durch die Zugabe von H_2O_2 (Wasserstoffperoxid) kann der Sauerstoffgehalt im Wasser erhöht werden. Damit wird auch die Keimfreude der Hanfsamen erhöht.

Setze die Keimwurzel gekeimter Samen aus Wasser oder Papier nie senkrecht in das weitere Substrat. Die Keimwurzel muss den Keimling aus dem Boden hebeln können.

Welches Wasser sollte verwendet werden?

Hanfsamen und Hanfpflanzen (Keimlinge) mögen ein leicht saures Milieu mit geringem Nährstoffgehalt. Ein PH-Wert um 6,0 (5,5 - 6,5) wäre optimal. Leitungswasser hat oft einen zu hohen PH-Wert zwischen 7,0 - 8,5.

Wenn man Hanf ziehen will, kauft man ein PH-Meter besser früher als später. Dann kann der PH-Wert kontrolliert gesenkt werden.

Wenn man noch kein PH-Meter hat, wird manchmal auch destilliertes Wasser empfohlen. Destilliertes Wasser hat einen neutralen PH-Wert (7,0). Dieser ist aber sehr instabil und kann bei Kontakt mit Luft (CO_2) rasch sinken.

Abmischung mit Leitungswasser ergänzt ein paar Mikroorganismen und stabilisiert den PH-Wert. Durch Zugabe von wenig mineralischem Dünger kann der PH-Wert leicht abgesenkt und stabilisiert werden. z.B. mit 1/5 der für größere Pflanzen empfohlenen Düngerdosierung.

Manchmal wird für „Problemsamen" auch Kokoswasser empfohlen, weil es eine sanfte Dosis wertvoller Nährstoffe enthält. Allerdings ist der PH-Wert abgefüllter Produkte im Handel unterschiedlich. Der PH-Wert sollte zumindest unter 7 sein und das Kokoswasser öfter, wenn nicht täglich- gewechselt werden.

Welche Fehler sollten vermieden werden?

Wie schon erwähnt, sind die häufigsten Fehler eine zu geringe Temperatur, sowie Staunässe und Sauerstoffmangel.

Hier die wichtigsten Guidelines zusammengefasst, um deine Cannabis Samen keimen zu lassen:

*nutze frische, gut gelagerte Samen
verwende ein warmes, luftiges, nicht zu feuchtes Medium
achte auf optimale Saattiefe (ca. 5 mm)
Nach der Keimung sollten die Cannabissamen in einem passenden Lichtspektrum beleuchtet werden. Die Sprösslinge sollten nicht stark angesprüht werden. Dadurch können bei Tropfenbildung auf den Blättern die Keimblätter verbrennen.*

5.Wachstumsphasen der Cannabis-Pflanze

5.1*Wir untersuchen die verschiedenen Wachstumsphasen von Cannabis und die Bedingungen, die Du als Anbauer während jeder dieser Phasen erfüllen musst. Lies weiter, um alles über optimale Lichtzyklen, zeitliche Abläufe und andere wichtige Infos zu erfahren.*

Cannabispflanzen durchlaufen während ihres Lebenszyklus verschiedene Phasen. Wenn Du ausgezeichnetes Gras anbauen möchtest, ist es wichtig, Dich mit all diesen Phasen vertraut zu machen und zu verstehen, was dies für eine ordentliche Pflanzenpflege bedeutet. Genauso wie Du ein Baby nicht mit Steaks füttern oder als Erwachsener von Babynahrung leben würdest, haben Deine Pflanzen abhängig von ihrem Alter und ihrer Umgebung verschiedene Ansprüche an Nährstoffe und Licht.

71

DER WACHSTUMSZYKLUS EINER CANNABISPFLANZE

Der Wachstumszyklus einer Cannabispflanze kann in vier Hauptkategorien unterteilt werden:

- Keimphase
- Sämlingsphase
- Wachstumsphase
- Blütephase

Ein paar dieser Stadien können in noch weitere Kategorien unterteilt werden. Wir werden uns jedoch in diesem Artikel auf die breiter gefassten Phasen konzentrieren.

Hier erfährst Du, was Du über diese Phasen wissen musst, damit Du die Früchte Deiner Arbeit in Form von optimal gewachsenen Blüten ernten kannst!

KEIMPHASE

Dauer: 2–10 Tage

Licht: -/-

Lass uns annehmen, dass Du gerade erst ein paar fantastische Cannabissamen erhalten hast. Ihre Qualität kannst Du leicht feststellen, indem Du sie betastest und sie Dir genau ansiehst. Gute Samen weisen normalerweise eine hell- bis dunkelbraune Farbe auf und haben eine glänzende, poliert aussehende Schale mit einem subtilen Tigerstreifenmuster darauf. Ferner sollten sich die Samen hart anfühlen. Cannabissamen, die hellgrün oder weiß sind und sich weich anfühlen, sind noch unreif und werden wahrscheinlich nicht keimen.

Deine Cannabissamen warten nun darauf, ins Leben gerufen zu werden. Um dies zu erreichen, musst Du sie feucht und warm halten. Es gibt verschiedene Möglichkeiten, wie Du Deine Samen erfolgreich keimen lassen kannst: Du kannst sie zwischen ein paar Lagen nasser Papiertücher legen, in ein Glas Wasser geben oder sie direkt in einen mit Erde befüllten Topf säen. Wir empfehlen die letztgenannte Methode, da die anderen dazu führen können, dass Deine Samen vergammeln oder ihre sensiblen Wurzeln verletzt werden, wenn Du sie in ihren Topf pflanzen möchtest.

Sobald die Samen "aufgeplatzt" sind, was zwischen 2 und 10 Tage dauern kann (qualitativ hochwertige Samen wie die von Zambeza poppen für gewöhnlich binnen weniger Tage auf), erscheint eine Pfahlwurzel, die nach unten wächst, während der Stamm nach oben wächst. Die ersten beiden Blätter Deiner Baby-Cannabispflanze – kleine, rundliche Blätter, die als Keimblätter bekannt sind – kommen nun auch aus ihrer Schutzhülle heraus.

KEIMPHASE: OPTIMALE BEDINGUNGEN

Deine Samen benötigen zum Keimen Feuchtigkeit und Wärme. Wenn Du Deinen Sämling in einem Topf keimen lässt, kannst Du eine Abdeckung oder Plastikfolie verwenden, um die Luftfeuchtigkeit darunter zu erhöhen. Für das beste Ergebnis solltest Du Deine Samen bei einer Temperatur von 22–25°C keimen lassen.

Die Keimung Deiner Samen erfordert keinerlei Licht und Du solltest sie an einem dunklen Ort wie in einem Schrank aufbewahren, falls Du die Methode mit den Papiertüchern oder die mit dem Wasserglas verwendest. Sobald Deine frisch geschlüpften Keimlinge aus der Erde auftauchen, musst Du sicherstellen, dass Du sie mit einer geringen Menge (und der richtigen Art) Licht versorgst.

Sobald Deine Cannabissamen gekeimt sind und ihre Wurzeln und ihr erstes "richtiges" Blattpaar entwickelt haben, beginnt die Sämlingsphase.

SÄMLINGSPHASE
CalendarDauer: 2–3 Wochen

Beleuchtung: 18h an / 6h aus

Sobald Deine Cannabispflanzen aus der Erde sprießen, sind sie technisch gesehen Sämlinge. Manche Anbauer sind der Ansicht, dass die Sämlingsphase jedoch erst beginnt, sobald der Spross seine ersten gezackten Cannabisfächerblätter zeigt, die einige Tage nach den runden Keimblättern erscheinen. Die ersten Fächerblätter Deines Sämlings bestehen jedoch nur aus Einzelblättern. Später erst entwickeln sich die kultigen Blätter mit 5 bis 7 Fingern, während die Pflanze mit voller Geschwindigkeit heranwächst. Sobald der Sämling 4–6 Paare dieser einfingrigen Cannabisblätter entwickelt hat, ist laut vieler Anbauer die Sämlingsphase beendet und die vegetative Phase beginnt.

SÄMLINGSPHASE: OPTIMALE BEDINGUNGEN

Während der Sämlingsphase ist Deine Cannabispflanze äußerst verletzlich. Beispielsweise kann übermäßige Feuchtigkeit zu Schimmel/Pilzbefall führen, der angesichts der geringen Abwehrkräfte Deines Sämlings eine echte Bedrohung darstellen

74*kann.*

Sein Wurzelsystem ist noch nicht vollständig ausgebildet, wodurch er noch nicht so viel Wasser aufnehmen kann. Dadurch ist er einem erhöhten Risiko von Überwässerung ausgesetzt, weshalb Du unbedingt darauf achten musst, Deine Pflanzen nicht zu viel zu gießen. Wenn Du auf Erde anbaust, sollte Deine junge Cannabispflanze zu diesem Zeitpunkt keine zusätzlichen Nährstoffe benötigen. Die Keimblätter produzieren alle Nährstoffe, die Dein Sämling benötigt, um das Wurzelwachstum zu fördern. Darüber hinaus enthalten die meisten Erdmischungen Nährstoffe für mindestens 3–4 Wochen. Du solltest wissen, dass viele Anbauanfänger den Fehler begehen und ihre jungen Cannabispflanzen überdüngen.

Sämlinge gedeihen am besten bei einer Temperatur von 20–25°C. Deine Beleuchtung sollte auf einen 18/6-Lichtzyklus eingestellt sein, was ausreicht, um ein kräftiges Wachstum zu fördern.

WACHSTUMSPHASE
CalendarDauer: 3–16+ Wochen

lightsBeleuchtung: 18h an / 6h aus

Während der Wachstumsphase steckt Deine Cannabispflanze ihre Energie in die Entwicklung des Blattwerks und robusten Stammes. Der Beginn der vegetativen Phase findet gewöhnlich statt, sobald Du Deine Pflanze in ihren ersten größeren Topf pflanztSTAMMES Je nachdem, welche Sorte Du anbaust, sollten sich einige morphologische Unterschiede bemerkbar machen.

Indicas wachsen oftmals kurz und buschig mit breiteren Blättern und weniger Abstand zwischen den Nodien (Sprossknoten). Sativas hingegen neigen dazu, groß und schlaksig zu wachsen und größere Internodien und schmalere Blätter zu entwickeln.

WACHSTUMSPHASE: OPTIMALE BEDINGUNGEN

Während sich Deine Cannabispflanze in vollem Wachstum befindet, solltest Du sie gut gießen und ihr ausreichend Nährstoffe zur Verfügung stellen, insbesondere Stickstoff. Die exakte Menge an Nährstoffen, die Deine Pflanze benötigt, variiert von Sorte zu Sorte und kann von der Wachstumsstärke und der Anbauumgebung des Exemplars abhängen. Um auf Nummer Sicher zu gehen, beginnst Du am besten mit der Hälfte der empfohlenen Dosis der Cannabisnährstoffe. Bei Bedarf kannst Du jederzeit auf volle Stärke umsteigen.

Solange Deine Beleuchtung auf einen 18/6-Zeitplan eingestellt ist, kann die Wachstumsphase Deiner photoperiodischen Cannabispflanzen theoretisch für immer andauern. In der Praxis wirst Du die Wachstumszeit Deiner Pflanzen jedoch beschränken, was für gewöhnlich durch den verfügbaren Platz in Deinem Grow Room bestimmt wird. Eine typische Wachstumsphase Deiner Pflanzen liegt zwischen 3 und 16 Wochen. Hierbei gibt es jedoch zwei Ausnahmen: wenn Du die SOG-Methode anwendest – bei der Du wahrscheinlich die gesamte Wachstumsphase überspringst – oder wenn Du Mutterpflanzen für unbestimmte Zeit behältst.

Die Wachstumsphase endet, sobald Du den Lichtzyklus auf 12/12 umstellst oder wenn sich im Freien die Jahreszeiten ändern und die Lichtstunden auf natürlichem Weg abnehmen.

BLÜTEPHASE
CalendarDauer: 8–11 Stunden

lightsBeleuchtung: 12h an / 12h aus

Während der Blütephase steckt Deine Cannabispflanze die meiste Energie in die Entwicklung ihrer Blüten. Während der ersten Wochen(eine Phase, die Vorblüte oder Stretch-Phase genannt wird) führt die Veränderung des Lichtzyklus jedoch dazu, dass die Pflanzen eine Phase beschleunigten Wachstums erleben, während derer sich manche Sorten in der Höhe verdoppeln und mehrere Blütenstände entwickeln können.Andere Exemplare erfahren weniger drastische Veränderungen. In beiden Fällen werden die Pflanzen nun ihre geschlechtsspezifischen Eigenschaften preisgeben. Bei feminisierten Sorten solltest Du mehr und

mehr dünne weiße Blütenstempel erkennen können, die sich in den Nodien bilden und auf die kommenden Blüten hinweisen.

Sobald sich Deine Pflanzen ausgedehnt haben, werden sich auch ihre Nährstoffansprüche ändern. Anstatt mehr Stickstoff für das Wachstum zu verwenden, benötigen Deine Pflanzen jetzt kaliumreiche Dünger, um die Blütenbildung zu unterstützen. Die Dauer der Blütephase hängt im Großen und Ganzen von der angebauten Sorte und Deinen persönlichen Vorlieben ab. Viele Indicas und Hybriden absolvieren ihre Blüte relativ

schnell – wodurch sie nach 8 Wochen oder weniger erntereif sind.

Im Vergleich dazu benötigen Sativas 10 Wochen oder länger, wobei manche kommerzielle Sorten bis zu 14 Wochen benötigen. Stelle sicher, dass Du eine Vorstellung davon hast, wie lange Deine Pflanzen in der Blüte sein werden (diese Info erhältst Du normalerweise von der jeweiligen Saatgutbank), um eine zu frühe oder zu späte Ernte zu vermeiden.

BLÜTEPHASE: OPTIMALE BEDINGUNGEN

Im Freien beginnen Cannabisblüten damit, ihre Blüte einzuleiten, sobald die Tageslichtstunden während des nahenden Herbstes kürzer werden. Indoor-Anbauer leiten die Blüte ein, indem sie den Lichtzyklus von 18/6 auf 12/12 umstellen. Es ist wichtig, dass Deine Pflanzen während der Blüte 12 Stunden lang ohne Unterbrechung Dunkelheit ausgesetzt sind. Sollte diese Dunkelphase aus irgendeinem Grund unterbrochen werden, kann dies dazu führen, dass Deine Pflanzen wieder in die vegetative Phase zurückwechseln und letztlich einen geringen Ertrag abwerfen.

Während der Blütephase bevorzugen die Pflanzen weniger Luftfeuchtigkeit als in ihrer Wachstumsphase. Während die Blüten dichter werden und weniger Luft zwischen ihnen zirkulieren kann, werden die Pflanzen anfällig für Schimmel und Fäulnis, was Deine komplette Ernte zunichte machen kann. Verhindere dies, indem Du die relative Luftfeuchtigkeit unter 50% hältst und mit einem Standventilator gleichmäßig Luft über Deine Pflanzen blasen lässt.

Am Ende der Blütephase, wenn Deine Cannabispflanze einen Haufen dicker und saftiger Blüten hervorgebracht hat, kannst Du Dir endlich Deine Erntescheren schnappen und loslegen. Du kannst sicherstellen, dass Deine Pflanzen erntereif sind, sobald ungefähr 75% der Trichome ihre Farbe von klar zu milchig verändert haben (vielleicht mit ein paar wenigen Ausnahmen, die reife Bernsteinfarbtöne aufweisen).

Jetzt ist Erntezeit!

5.2 Blütephase und Geschlechtsbestimmung

Die Geschlechtsbestimmung von Cannabis-Pflanzen ist ein entscheidender Schritt für eine erfolgreiche Ernte. Viele neue Grower sind verunsichert, ob sie es richtig machen, weil ihnen die Erfahrung fehlt. Sie müssen wissen, woraus es ankommt, den Beleuchtungsplan richtig einstellen und den Pflanzen viel Aufmerksamkeit schenken. Eine Lupe ist hilfreich.

Warum ist die Geschlechtsbestimmung von Cannabis-Pflanzen wichtig?
Normalerweise erzeugt eine Cannabis-Pflanze entweder männliche (Pollen produzierende) oder weibliche (Samen produzierende) Blüten. Wer Cannabis anbaut, um THC-reiche Buds zu ernten, muss nicht bestäubte weibliche Pflanzen ernten. Deshalb ist es wichtig, die Geschlechter zu trennen. Eine einzige männliche Pflanze reicht aus, um einen ganzen Raum weiblicher Pflanzen zu befruchten!

79

So erkennen Sie, ob Ihre Cannabis-Pflanze männlich oder weiblich ist

Etwa 6 Wochen nach der Keimung (Outdoor-Anbau) oder 1 Woche nach Beginn der Blütephase (Indoor-Anbau) beginnen sich an den Knotenpunkten Ihrer Pflanze winzige Knospen (Geschlechtsorgane) zu entwickeln. Die männlichen Pflanzen entwickeln Pollensäcke, die einem Bündel Kugeln ähneln. Diese können ein oder zwei Wochen vor den weiblichen Blüten erscheinen und sind nicht behaart. Jetzt können Sie das Geschlecht Ihrer Cannabis-Pflanze bestimmen:

Schauen Sie sich 3 bis 5 Knoten am Stamm an (ungefähr auf halber Höhe).
Untersuchen Sie die winzigen Knospen, die an den Knotenpunkten wachsen.
Weiblich: Suchen Sie nach 2 dünnen Haaren (Narben), die aus einer leicht geöffneten, tropfenförmigen Knospe (Deckblatt) herauswachsen.
Männlich: Suchen Sie nach 2 bis 3 Pollensäcken, die Kugeln ähneln und von Blüten umgeben sind (Männchen entwickeln keine Narben).
Weibliche Cannabis-Pflanze

Weibliche Pflanzen haben winzige, spitzige Knospen. Sie bilden zwei weiße Haare.
Männliche Cannabis-Pflanze

Männliche Pflanzen haben ein paar kleine Kugeln an den Stielen, die schnell größer werden und einige Blüten tragen.
Im Laufe der Zeit werden Sie an Ihrer Pflanze einige Veränderungen erkennen. Beachten Sie, dass manche Sorten länger brauchen als andere, um sich zu entwickeln. Wenn Sie sich bei der Geschlechtsbestimmung Ihrer Cannabis-Pflanze unsicher sind, warten Sie am besten noch eine Woche. 8 bis 10 Wochen nach der Keimung (im Freien) sollte die Blütephase bereits in vollem Gange und das Geschlecht offensichtlich sein.

Es gibt manchmal Pflanzen, die sowohl männliche als auch weibliche Blüten haben und als Zwitter bekannt sind. Dafür kann es zwei Gründe geben: genetische Veranlagung oder Stress während der Blütephase. Besonders am Ende der Blütephase sollten Sie Ihre Pflanzen gut im Auge behalten. Genau wie männliche Pflanzen sollten auch Zwitterpflanzen von den weiblichen getrennt werden, um eine Bestäubung zu verhindern.

Feminisierte Autoflowering-Sorten stehen dafür bekannt, dass sie weniger Zwitter produzieren.

81

5.3 *Wichtige Pflegemaßnahmen während des Wachstums*

Wann sollte die Blüte eingeleitet und das Geschlecht der Cannabis-Pflanzen bestimmt werden?

Im Alter von etwa 6 bis 8 Wochen ist Cannabis bereit, in die Blütephase überzugehen. Die Blüte wird eingeleitet, wenn der Beleuchtungsplan 12 Stunden Sonnenlicht und 12 Stunden (ununterbrochene) Dunkelheit vorsieht. Indoor- und Outdoor-Pflanzen folgen demselben Beleuchtungsplan, außer Sie pflanzen Automatic-Sorten an.

Innerhalb der ersten zehn Tage nach Anpassung des Beleuchtungsplans lassen sich unter einer Lupe vorblühende Knospen betrachten. Erfahrene Züchter können in diesem Stadium bereits das Geschlecht der Pflanzen sehen. Machen Sie sich keine Sorgen, wenn Sie noch unsicher sind. Warten Sie ruhig noch etwas ab.

Outdoor-Cannabis zum Blühen bringen

Gegen Ende des Sommers nimmt die Anzahl der Sonnenstunden pro Tag ab und Ihre Pflanze ist zunehmend der Dunkelheit ausgesetzt. Warten Sie, bis die Lichtstunden pro Tag 12 Stunden erreichen, und sorgen Sie dafür, dass die Pflanzen 12 Stunden in völliger Dunkelheit stehen. Ungefähr 10 Tage nach diesem Zeitpunkt (in der Regel die Sonnensommerwende auf der Nordhalbkugel) beginnen Sie wie oben beschrieben mit der Kontrolle.

Die Wahl der richtigen Cannabis-Sorte hängt vom Klima ab. Je nach Ihrem Standort (Nord- oder Südhalbkugel) variieren die Monate der Blütezeit.

Wenn Sie in Nord- oder Osteuropa leben, befinden Sie sich in den kühl-gemäßigten Zonen. Die Anbausaison beginnt in der Regel Ende April bis Anfang Mai und dauert bis Ende September. Im Norden sind die Sommer kurz und mild. Normalerweise können Sie nur mit einer einzigen Outdoor-Ernte pro Jahr rechnen. Die meisten Indica-Sorten eignen sich für den Anbau in kühleren Klimazonen.

Süd- und Westeuropa liegen in warm-gemäßigten Zonen. Im Süden sind die Sommer in der Regel lang und sonnig. Das gute Wetter kann bis Ende Oktober anhalten – ideale Bedingungen für den Anbau von spätblühenden Sorten wie Sativas.

Wenn Sie genau hinsehen, können Sie herausfinden, in welchem Stadium der Blüte Sie sich befinden. Bevor die eigentliche Blüte beginnt, gibt es eine Phase, die als *Vorblüte* bezeichnet wird. Die Pflanzen beginnen, männliche oder weibliche Merkmale zu zeigen. Im Freien beginnt die Vorblüte etwa sechs Wochen nach der Keimung.

Wenn Sie die beiden weißen „Haare" (die Narben) an den Knoten der Pflanze wachsen sehen, sich aber noch keine Knospen entwickelt haben, können Sie davon ausgehen, dass die Pflanze weiblich ist und die Blütephase beginnt. Sehen Sie keine Haare? Warten Sie noch ein paar Wochen und kontrollieren Sie alle paar Tage, ob sich die Haare entwickeln oder ob sich stattdessen Knospen bilden.

Indoor-Cannabis zum Blühen bringen

Egal wo Sie sind auf der Welt: Wenn Sie drinnen anbauen, stellen Sie den Timer an Ihren Lampen so ein, dass sie dem 12/12-Beleuchtungsplan folgen. Das ist das Tolle am Indoor-Anbau: Es ist einfach nachzuvollziehen, in welchem Stadium der Blüte man sich befindet. Der Wachstumszyklus lässt sich einfach manipulieren, um die Blüte einzuleiten.

Muss ich das Geschlecht meiner Cannabis-Pflanzen überhaupt bestimmen?

Nicht unbedingt. Die Geschlechtsbestimmung ist nur bei regulären Hanfsamen wie Skunk #1, Jack Herer und Master Kush notwendig. Diese Samen produzieren etwa zu gleichen Teilen männliche und weibliche Pflanzen und eignen sich hervorragend zum Entwickeln Ihrer Fähigkeiten bei der Geschlechtsbestimmung.

Wenn Sie darauf keine Lust haben, kaufen Sie am besten feminisierte Hanfsamen wie Northern Lights Feminisiert, Hindu Kush Feminisiert und Afghani #1 Feminisiert. Alle unsere Autoflowering-Hanfsamen sind feminisiert.

Wir haben Cannabis-Sorten mit einer kurzen Blütezeit und Sorten mit einer relativ langen Blütezeit.

Es wird etwas dauern, bis Sie sich bei der Geschlechtsbestimmung Ihrer Pflanzen sicher fühlen. Haben Sie keine Angst zu experimentieren! Denken Sie daran, in den nächsten 3 bis 4 Wochen geduldig und aufmerksam zu sein. Halten Sie einen strikten 12/12-Beleuchtungsplanung ein und setzen Sie Ihre Pflanze nicht unnötigem Stress aus. Wenn Sie noch Fragen oder Tipps haben, teilen Sie diese bitte in den Kommentaren unten mit.

6.Kontrolle von Umweltfaktoren

6.1 Licht und Beleuchtung:

Beim Anbau von Cannabis ist die Beleuchtung essenziell wichtig. Die bestmögliche Beleuchtung ist das natürliche Sonnenlicht. Es hat die perfekte Mischung aus UV-Strahlen, das die Pflanzen begehren, und je näher Sie dem Äquator sind, desto besser werden diese Strahlen.
Cannabis braucht viel Licht, um hochwertige Pflanzen und Blüten zu erzeugen. Im Durchschnitt benötigt eine Cannabis-Pflanze jeden Tag zwölf Stunden Dunkelheit, um zu blühen. Im Allgemeinen gilt: Je mehr Licht Ihre Pflanzen erhalten, desto besser und stärker wachsen sie, was zu höheren Erträgen führt.

Genug Licht ist jedoch nicht das einzige Problem. Es gibt vier Hauptaspekte, die zu berücksichtigen sind, wenn Sie die optimale Umgebung für Ihre Pflanzen erstellen möchten. Diese sind:

Die Entfernung der Lampen
Die Intensität des Lichts
Das Farbspektrum des Lichts
Beleuchtungszyklen (Lampen An - Aus)
*Wenn man draußen also im Freien anbaut, liefert die Natur, was
für die Photoperiode der Pflanze benötigt wird. Das Farbspektrum
wird natürlich durch die Jahreszeiten reguliert und der
Beleuchtungszyklus wird durch Tag und Nacht verwaltet.
Pflanzen, die in der Nähe des Äquators wachsen, haben die kürzeste
Entfernung und die höchste Lichtintensität.*

*Wenn Sie jedoch in Innenräumen anbauen, können Sie die
Photoperiode so steuern, sodass Sie bestimmen können, wann Ihre
Pflanzen blühen. Obwohl das Sonnenlicht nichts kostet und das
perfekte Licht für Cannabis-Pflanzen bietet, erhalten einige Orte
auf der Erde einfach nicht genug Sonne für Cannabis Pflanzen.
Wenn Sie in einer solchen Gegend leben, ist es wahrscheinlich am
besten, Ihre Cannabis-Pflanzen in einem Gewächshaus mit
kontrollierter Beleuchtung zu züchten.*

Die Verwendung von Growlampen
*Während der Anbau im Freien seine Vorteile hat, bevorzugen
einige Züchter Grow-Lampen, da sie damit ihre Pflanzen und die
Vegetationsperiode besser kontrollieren können. Nur irgendwelche
Glühbirnen auf Ihre Pflanzen zu richten, reicht jedoch nicht aus,
um sie richtig wachsen zu lassen.*

*Damit die Beleuchtung die Sonne ersetzen kann, muss diese mit
Lampen bereitgestellt werden, die speziell für den Anbau von
Cannabis hergestellt werden.*

Wie eine Cannabis-Pflanze wächst, hängt von der Art und Weise ab, wie die Grow Lampen verwendet werden. Die besten Lampentypen sind Metallhalogen-Lampen, Natriumdampf-Hochdrucklampen und mittlerweile auch spezielle LED Grow Lampen.

Leuchtstofflampen sind auch gut, da sie das für das Blatt-Wachstum beste blaue Licht abgeben. Die MH-Lampen funktionieren während der vegetativen Phase am besten, während die ND-Lampen während der Blütephase das beste Licht erzeugen. Die Vorteile beider Lampen lassen sich am besten gemeinsam nutzen.

Pflanzenstadium	Zeit	Licht-Farbe	Beleuchtungs-Zeit	Lampen-Abstand	Lichtintensität
Sämling/Steckling	1-2 Wochen	Blau Licht	24 Stunden an / 0 Stunden aus	Hängt von der Lampe ab	Hängt von der Lampe ab
Vegetative-Phase	3-5 Wochen	Blau/Orange	18 Stunden an / 6 Stunden aus	Hängt von der Lampe ab	Hängt von der Lampe ab
Blüte-Phase	7-10 Wochen	Orange/Rot	12 Stunden an / 12 Stunden aus	Hängt von der Lampe ab	Hängt von der Lampe ab

Abstand der Growlampen
Der Lampen-Abstand ist entscheidend für das Wachstum Ihrer Pflanzen. Zu weit weg und Ihr Cannabis bekommt nicht das Licht, das er braucht, aber wenn diese zu nahe sind, riskieren Sie, dass Ihre wertvollen Pflanzen Verbrennungen bekommen.

Während der Sämlings-Phase Ihrer Pflanze ist es entscheidend, dass Sie Ihre Lampen in der richtigen Entfernung halten. Einer der größten Fehler, den Züchter begehen, ist, die Lampen in zu großem Abstand zu halten. Dies führt zu „langen" oder gestreckten Pflanzen, mit langen schwachen Stielen (Stamm), die das Gewicht der Pflanze nicht tragen können und kopfüber abknicken können.

Diese gestreckten Stängel treten auf, wenn die Sämlinge sich in die Höhe strecken, um an mehr Licht zu kommen.

Die tatsächliche optimale Entfernung Ihrer Lampen hängt von der Art des verwendeten Lichts und Ihrem Grow-Raum ab. Hier sind einige grundlegende Richtlinien:

Grow Lampen Leistung (MHL & NDL)	Am nächsten drann	~ Sonnenlicht	Am weitesten entfernt
150 Watt	13 cm	18 cm	28 cm
250 Watt	15 cm	23 cm	33 cm
400 Watt	20 cm	30 cm	48 cm
600 Watt	23 cm	41 cm	64 cm
1000 Watt	28 cm	53 cm	79 cm

Lichtintensität

Pflanzen die mehr Licht erhalten, neigen dazu, besser zu wachsen und höhere Erträge zu erzielen – das ist eine Tatsache. Es ist jedoch auch leicht, Ihre Pflanzen mit Licht zu übersättigen und eine leichte Verbrennung zu verursachen. Oder die Lampen zu schwach einzustellen, sodass Ihre Pflanzen nicht genügend Licht erhalten und sich „strecken" oder ein gedrosseltes Wachstum haben.

Die Lichtintensität oder Helligkeit kann sowohl in Lumen (lm) als auch in Lux gemessen werden:

Lumen - misst den Lichtstrom, der von einer Quelle abgegeben wird. Je höher das Lumen, desto heller ist die Lichtquelle.
Lux - misst die Lichtintensität, die auf eine Oberfläche fällt. Da Pflanzen nur das Licht aufnehmen, das auf ihre Oberfläche fällt, werden in Growguides normalerweise Lichtwerte mit Lux gemessen.
Ähnlich wie bei der Entfernung der Lampen hängt die optimale Lichtintensität auch von der Art des Lichts ab, das Sie in Growraum verwenden möchten. Nachfolgend finden Sie einige Richtlinien, die Ihnen den Einstieg erleichtern:

Pflanzenstadium	Maximum	Optimal	Minimum
Vegetative-Phase	~70.000 lux ~40.000 lux	~15.000 lux	
Blüte-Phase	~85.000 lux ~60.000 lux	~35.000 lux	

89

Die Farbe des Lichts
Viele Leute wissen nicht, dass die Lichtfarbe das Wachstum Ihrer Pflanzen beeinflussen kann. Sichtbares Licht verhält sich tatsächlich wie eine Welle und zeigt je nach Länge seiner Wellen unterschiedliche Eigenschaften.

Beispielsweise wird ein Licht mit einer Wellenlänge von 400 nm vom menschlichen Auge als lila Farbe erkannt. Bestimmte Arten von Growlampen zeigen eine bestimmte Lichtfarbe. Zum Beispiel erzeugt MH (Metallhalogen) ein überwiegend blaues Farblicht, während LED-Lampen eine Vielzahl von Farben isolieren und aussenden können.

In Bezug auf das Pflanzenwachstum wird blaues Licht am besten während des Keimlings- und Wachstums-Stadiums verwendet, da es die Bildung von Chlorophyll fördert, einer Chemikalie, die Pflanzen schneller und stärker wachsen lässt. MH-Lampen werden häufig dafür verwendet, da das blaue Licht die Sommermonate nachahmen soll, wenn die Sonne hoch am Himmel steht.

Umgekehrt ahmen NDL-Lampen das Ende des Sommers nach, wobei die Sonnenstrahlen mehr von der Erdatmosphäre durchlaufen und ein rotes Spektrum zeigen, das für die Blüte der Cannabispflanzen ideal ist.

Beleuchtungszyklen

Die letzte aber trotzdem wichtige Komponente für eine richtige Beleuchtung ist die tatsächliche Zeit, in der Ihre Pflanzen Licht erhalten. Genau wie Menschen brauchen Pflanzen ihren Schlaf und können normalerweise nicht 24 Stunden am Tag von Licht beschient werden. Außerdem kann die Beleuchtung von Cannabis teuer werden, wenn es um den Stromverbrauch geht. Dies ist ein weiterer Grund, warum es eine gute Idee ist, einen Beleuchtungszyklus für Ihre Growlampen zu haben.

Sie können Cannabis Pflanzen nicht unter ständigem Licht halten, da die Pflanzen ohne Dunkelheit keine Blüten bilden werden. Die einzige Zeit, in der die Pflanzen 24 Stunden Licht ausgesetzt sein können, ist, wenn sie sich in der Keimlings-Phase befinden, da sie noch Babys sind und viel Licht zum Wachsen benötigen.

Im Dunkeln produzieren Pflanzen die Hormone, die für die Blütenbildung erforderlich sind. Wenn die Dunkelheit nicht durch Licht gestört wird, blühen sie weiter und das Wachstum reduziert sich auf ein Minimum. Sie brauchen eine gute Kombination aus beidem, um eine gute Ernte an Marihuana zu erzielen.

Für die Dauer der vegetativen Phase benötigen Ihre Pflanzen 18 Stunden Licht und 6 Stunden Dunkelheit. Sobald Sie bereit für die Blüte Ihrer Pflanzen sind, können Sie deren Blühphase auslösen, indem Sie den Beleuchtungszyklus auf 12 Stunden Licht und 12 Stunden absolute Dunkelheit einstellen.

<u>Verschwenden Sie kein Licht</u>

Wie bereits erwähnt, ist Licht für den Anbau hochwertiger Cannabispflanzen von hoher Qualität unerlässlich. Lichteinwirkung löst die Fotosynthese der Pflanzen aus und wenn nicht die richtige Lichtart oder -menge verwendet wird, führt dies zu einem Wachstumsstau der Pflanze. Leider entgehen viele Züchter hohe Erträge, weil ihr Grow-Aufbau Licht verschwendet. Wenn die Qualität nicht Grund genug dafür ist, um Ihre Beleuchtung richtig zu steuern, könnten es zumindest die Kosten sein. Cannabis ist auf die Stunden des Lichts angewiesen, die es erhält, um effektiv zu wachsen. Doch die Kosten der Growlampen zusammen mit den Stromkosten für ihre Verwendung können recht teuer werden. Glücklicherweise gibt es einige Möglichkeiten, die

92Effektivität zu steigern und so die Kosten zu senken.

Eine der einfachsten Möglichkeiten, dies zu tun, besteht darin, einfache Anpassungen an Ihrem Growraum / Growbox vorzunehmen. Verwenden Sie reflektierende Materialien und halten Sie die Cannabispflanzen so nah wie möglich an der Wand. Dadurch wird weniger Licht verschwendet.

Durch sorgfältige Auswahl der Wandoberfläche können Sie die von den Pflanzen empfangene Lichtmenge erhöhen. Die reflektierenden Materialien helfen, das vorbeiströmende Licht zu reflektieren und zu den Pflanzen zu lenken. Es kann auch dabei helfen, Stellen zu beleuchten, die ansonsten dunkel wären und Licht, Wärme und Energie für die unteren Teile der Pflanzen zu liefern.

Reflektierende Wände

Das Material, das Sie an den Wänden Ihres Growraums / Ihrer Growbox verwenden, kann eine reflektierende Oberfläche für Licht abgeben. Verwenden Sie einen Lichtmesser, um zu messen, wie effektiv ein bestimmtes Material ist. Messen Sie, indem Sie eine undurchsichtige Platte einige Zentimeter von der Wand entfernt mit dem Messgerät darunter platzieren.

Die goldene Regel ist sicherzustellen, dass beide Messungen den gleichen Abstand vom Licht haben. Wenn das Licht von den unterschiedlichen Oberflächen reflektiert wird und vom Messgerät aufgenommen wird, sollte es für die beiden Oberflächen unterschiedliche Zahlen angeben.

Es sollte einen Unterschied zwischen diesen Zahlen geben - dieser Unterschied zeigt, wie gut Ihre Wand (oder das reflektierende Material) das Licht reflektiert.

Es ist auch zu beachten, dass die Wellenlänge der Strahlungsenergie, die auch als elektromagnetische Strahlung bezeichnet wird, 400 bis 700 nm beträgt und die EM-Strahlung mit Strahlungswärmeenergie korreliert, die eine Wellenlänge von 800 bis 2000 nm hat.

Reflektierende Growräume erstellen

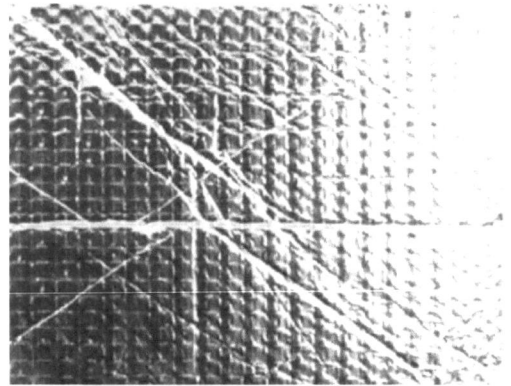

Wenn Ihre aktuellen Wände nicht reflektierend genug sind, können Sie das beheben! Hier ist eine Liste der am häufigsten verwendeten Materialien für die Wände eines Cannabis-Anbauraums:
Mylar
Diese Polyesterfolie hat eine Dicke von 1 bis 2 mm und einen hohen Reflexionsgrad. Es gibt auch eine teurere und widerstandsfähigere Version namens Foylon, die leicht zu reinigen ist.

Mylar ist zwar weniger haltbar, aber es reflektiert weitaus mehr als Foylon. Da Foylon jedoch leicht zu reinigen ist, kann es langfristig eventuell die bessere Lösung sein.

Der C3-Anti-Detektionsfolie ist ein weiterer Mylartyp mit den gleichen Qualitäten wie der 2 mm dicke. Neben hoher Reflexion ist es auch infrarotfest.

Wenn Sie eines dieser Materialien verwenden, ist aufgrund der hohen Reflexion der Strahlungswärme eine gute Belüftung erforderlich. Erstellen Sie keine Hotspots im Raum, wenn Sie Mylar-, Foylon- oder C3-Folien an den Wänden anbringen. Um Beschädigungen zu vermeiden, können Sie auch Klettverschlüsse verwenden, wenn Sie die Folien an den Wänden anbringen. Stellen Sie sicher, dass sich keine Luftblasen zwischen Wand und Folien bilden.

Weiße Farbe
Einfache weiße Farbe eignet sich auch ideal für Zuchträume. Es reflektiert gut, ist wartungsarm und es besteht keine Notwendigkeit, sich um Hot Spots zu kümmern. Sie sollten jedoch beim Malen Fungizid hinzufügen. Die Farbe muss rein und flach sein.

Glänzende Farben und Eierschalenfarben reflektieren nicht so gut. Stellen Sie außerdem sicher, dass Sie die Wände nicht verschmutzen, da dies die Reflexion verringern kann.

Titanweiß ist stark reflektierend, wird jedoch aufgrund seines hohen Preises nur selten verwendet.

Spezialfarbe

Elastomerische Farbe ist eine weitere Oberflächenbehandlung, die eine gute Reflexion ermöglicht. Da diese gummiert ist, ist sie ziemlich beständig. Reflektierende Dachbeschichtung wie von Kool Seal ist eine recht kostengünstige Variante dieser Farbe. Es bildet eine sich ausdehnende und zusammenziehende gummiartige Beschichtung, die sich für nahezu jede Oberfläche eignet.

Kunststoff

Der weiße oder schwarze Kunststoff, bekannt als Panda-Kunststoff oder „Poly", ist eine leicht zu reinigende Oberfläche für einen temporären Raum. Es beschädigt die Wände nicht und hilft, Hotspots zu vermeiden, kann jedoch schmelzen, wenn sich eine Lichtquelle zu nahe befindet.

Es gibt viele Möglichkeiten, wenn es um das Licht Ihrer Cannabis-Pflanzen geht. Alles von der Art der Lampe die Sie verwenden, bis zur Anordnung der Lampen beeinflusst das Wachstum Ihrer Cannabis-Pflanzen. Das perfekte Einrichten Ihres Beleuchtungssystems ist für einen großen Ertrag unerlässlich. Es kann jedoch einige Versuche benötigen, um es richtig zu machen.

Wenn Sie nicht experimentieren möchten, können Sie auch eine fertige Growbox verwenden. Diese ist jedoch nicht unbedingt erforderlich, wenn Sie einen kompletten Raum für Ihren Grow einrichten möchten. Mit etwas Übung können Sie lernen, wie Sie die beste Beleuchtung für Cannabis-Pflanzen schaffen.

6.2 Luftfeuchtigkeit und Belüftung:

Es wird etwas Zeit in Anspruch nehmen, um die dringend benötigten Informationen zu erhalten, damit Sie die Bedeutung der Luftfeuchtigkeit beim Anbau von Cannabis-Pflanzen besser verstehen.

Was ist die Luftfeuchtigkeit?
Die Luftfeuchtigkeit ist die Wasserdampfmenge, die sich in der Luft befindet. Die Luftfeuchtigkeit spielt eine wichtige Rolle und nimmt Einfluss auf die Transpiration von Cannabispflanzen. Ihre Pflanze nimmt mehr Nahrung und Wasser auf, wenn die Luftfeuchtigkeit niedrig ist.

Wenn die Verdunstungsbelastung aus irgendeinem Grund zu groß wird, schützen sich Cannabis-Pflanzen vor Knappheit, indem sie ihre Stomata schließen. Dies bremst natürlich das Wachstum Ihrer Pflanze aufgrund der mangelnden Wasseraufnahme.

Aus diesem Grund müssen Sie in Ihrem Growraum über die richtige Luftfeuchtigkeit verfügen. Wenn sich die Pflanze im Wachstum befindet, benötigt sie im Gegensatz zur Blütephase eine hohe Luftfeuchtigkeit.

Dies liegt hauptsächlich daran, dass die Wurzeln von kleinen Pflanzen bzw. Keimlingen viel kleiner sind. Messen Sie die Luftfeuchtigkeit mit einem Hygrometer.

In den ersten Phasen des Wachstums Ihrer Pflanze sollte die Luftfeuchtigkeit etwa 70% betragen und Sie können sie jede Woche um 5% reduzieren, bis sie 40% erreicht. In diesem Leitfaden finden Sie hilfreiche Informationen zum Feuchtigkeitsgehalt sowohl für den Cannabis Anbau Indoor als auch für Outdoor.

Das Verhältnis der Luftfeuchtigkeit zur Temperatur
Bevor wir weiter gehen, müssen wir den Zusammenhang zwischen der Temperatur und der Luftfeuchtigkeit diskutieren. Zunächst müssen Sie verstehen, dass der Prozentsatz des absorbierbaren Wassers von der Temperatur abhängt.
Bei einer Temperatur von 20 Grad Celsius kann Luft bis zu 17,5 ml Wasser pro Kubikmeter Luft aufnehmen. In diesem Fall hat Luft eine entsprechende Luftfeuchtigkeit von 100%.
Bei 0 Grad Celsius kann die Luft etwa 4,5 ml Wasser aufnehmen. Aus diesem Grund ist die Luft im Winter viel trockener als in den Sommermonaten.
Je heißer es ist, desto mehr Feuchtigkeit kann die Luft bei derselben Temperatur aufnehmen.
Da Sie Ihren Growraum häufig lüften sollten, wird auch die Luftfeuchtigkeit freigesetzt. Sie müssen also sicherstellen, dass Ihr Growraum immer etwas feucht ist, damit die Luftfeuchtigkeit steigt. Später in diesem Leitfaden werden Sie über die verschiedenen Möglichkeiten zum Anpassen der Luftfeuchtigkeit informiert.

Cannabis Klone - Stecklinge

Zuerst haben Ihre Cannabis-Stecklinge sehr kleine Wurzeln, sodass sie noch nicht viel Wasser aufnehmen können. In diesem Stadium möchten Sie, dass sie nur eine sehr kleine Menge Wasser verdunsten lassen.

Stecklinge lassen nur eine geringe Menge an Wasser verdampfen, wenn die Luftfeuchtigkeit hoch ist, und es werden weniger Wurzeln benötigt.

Eine andere Möglichkeit, die Verdunstung zu verringern, besteht darin, die größeren Blätter in der Hälfte zu beschneiden.

Eine Luftfeuchtigkeit von 70% in Ihrem Growraum ist genau das, was Sie bei jungen oder frisch geschnittenen Stecklingen wollen. Ihre Stecklinge beginnen zu wurzeln, wenn die Temperatur in einer sehr feuchten Umgebung und bei fluoreszierendem Licht etwa 22 Grad Celsius beträgt.

Wir empfehlen, dass die Stecklinge sich unter einer 600-Watt-MHL-Lampe in einer Umgebung mit 60-70% Luftfeuchtigkeit befinden. Bis in die 2. oder 3. Blüte-Woche, dann werden die Wurzeln die Größe der eigentlichen Pflanze erreichen. Die Wurzeln müssen stark genug sein, damit sie genug Wasser und Nährstoffe aufnehmen können.

Cannabis Keimlinge - Sämlinge

Cannabis Keimlinge - Sämlinge

Bei Sämlingen läuft es in Bezug auf die Luftfeuchtigkeit anders als bei Klone, da sie beim Keimen eine Pfahlwurzel haben, die Feuchtigkeit aufnimmt und welche ziemlich schnell wächst.

Schneiden Sie niemals die Blätter eines Sämlings wie Sie es bei einem Klon tun würden.

Die Blätter sind notwendig, um Licht zu absorbieren und Wasser zu verdampfen.

Um den Sämlingen zu helfen, Wasser und Nahrung über die Blätter aufzunehmen, muss die Luftfeuchtigkeit hoch sein. Beginnen Sie mit 60%, wenn sie klein sind und reduzieren Sie es im Laufe des gesamten Lebenszyklus auf 40% herunter.

Die Blüten-Phase

Wenn Ihre Pflanze zu blühen beginnt, können Sie die Luftfeuchtigkeit allmählich senken. In diesem Stadium sind die Wurzeln sehr weit ausgereift, sodass die Pflanze die meisten Nährstoffe und das Wasser darüber aufnehmen kann.

Sie sollten die Luftfeuchtigkeit in der Blütephase reduzieren, da Schimmelpilze in Umgebungen mit hoher Luftfeuchtigkeit gedeihen. Mit zunehmendem Alter steigt die Wahrscheinlichkeit, dass Ihre Cannabis-Pflanze Schimmel bekommt.

Durch die hohe Luftfeuchtigkeit sammelt sich *Wasser an den Blüten und Trieben, was Schimmelbildung begünstigt. Blütenfäule ist der häufigste Schimmelpilztyp bei Cannabis.*

Relative Luftfeuchtigkeit nach Wachstumsstadium Befolgen Sie diesen Plan, um sicherzustellen, dass Sie Ihren Pflanzen die richtige Menge an Feuchtigkeit für ein optimales Wachstum geben. Beachten Sie, dass es einen Unterschied bei Cannabis-Klonen und Sämlingen gibt.

Luftfeuchtigkeit bei Klone

Stadium	Wachstum Woche 1	Wachstum Woche 2	Blüte Woche	Blüte Woche 2	Blüte Woche 3	Blüte Woche 4	Blüte Woche 5	Blüte Woche 6	Blüte Woche 7	Blüte Woche 8	Blüte Woche 9
Luftfeuchte	70%	70%	65%	60%	55%	50%	50%	45%	45%	40%	40%

Luftfeuchtigkeit bei Sämlingen

Stadium	Wachstum Woche 1	Wachstum Woche 2	Blüte Woche 1	Blüte Woche 2	Blüte Woche 3	Blüte Woche 4	Blüte Woche 5	Blüte Woche 6	Blüte Woche 7	Blüte Woche 8	Woche 9
Luftfeuchte	60%	60%	55%	50%	50%	50%	50%	45%	45%	40%	40%

Wie man die Luftfeuchtigkeit erhöht

Sie haben einige Möglichkeiten, um die Luftfeuchtigkeit in Ihrem Growraum zu erhöhen. Für den Anfang können Sie versuchen, Wasser auf die Wände und die Pflanzen zu sprühen.

Versuchen Sie auch, das Licht weiter nach oben zu stellen, damit die Temperatur in der Nähe der Pflanzen etwas sinkt. Auf diese Weise müssen Sie den Luftabsaugung nicht so oft einschalten. Wenn Sie Flaschen oder Eimer mit Wasser oder sogar nasse Handtücher in den Growraum geben, erhöht dies die Luftfeuchtigkeit.

Der beste Weg, um dies zu erreichen, ist jedoch die Verwendung eines Luftbefeuchters. Luftbefeuchter wandeln Wasser in Wasserdampf um und sprühen einen konstanten Nebel aus hoher Luftfeuchtigkeit in Ihren Raum.

Abhängig davon, welchen Sie kaufen, wird dieser möglicherweise mit einem Feuchtigkeitsregler zur Überwachung des Feuchtigkeitsniveaus geliefert und schaltet sich sogar ein, wenn der eingestellte Wert unterschritten wird. Hier finden Sie einige professionelle Luftbefeuchter & Entfeuchter.

Wie man die Luftfeuchtigkeit verringert
Sobald Ihre Cannabis-Pflanze zu blühen beginnt, muss die Luftfeuchtigkeit gesenkt werden, daher muss sie die Luft gegebenenfalls entfeuchtet werden. Versuchen Sie, den Luftabsaugung auf einer höheren Stufe als gewöhnlich laufen zu lassen.

Luftentfeuchter sind mit Sicherheit die beste Wahl. Diese können die Feuchtigkeit aus der Luft entziehen und abführen oder in einem Reservoir speichern. Stellen Sie sicher, dass Sie einen größeren Luftentfeuchter verwenden, da sich die kleineren schnell füllen.

Denken Sie daran, dass die Luftfeuchtigkeit im Freien also außerhalb des Growraums bzw. Growbox die Luftfeuchtigkeit in Ihrem Growraum beeinflussen kann.

Wenn zum Beispiel an einem regnerischen Tag die Luftfeuchtigkeit schnell ansteigt, können Sie die Luftabsaugung ausschalten oder auf eine viel niedrigere Einstellung laufen lassen. Stellen Sie sicher, dass die Temperatur nicht zu schnell ansteigt, da dadurch von außen weniger frische Luft in den Growraum geleitet wird.

Wie man die Luftfeuchtigkeit misst

Hygrometer dienen zur Messung der Luftfeuchtigkeit. Alles, was Sie tun müssen, ist es über die Pflanzen zu hängen, solange es sich in einem Bereich befindet, der leicht belüftet werden kann.

Die analogen Hygrometer bekommt man schon um rund 5 € und digitale ab 10 €. Die teureren Hygrometer sind in der Regel von besserer Qualität.

Holen Sie sich zur besseren Verwendung ein Hygrometer an das ein Kabel angeschlossen ist. Dies erleichtert die Überwachung der Luftfeuchtigkeit.

Wir empfehlen ein Kombinations-Messgerät, das sowohl die Luftfeuchtigkeit wie auch die Temperatur messen kann. Sehen Sie sich dieses Messgerät dafür an.

Diese Geräte verfügen über eine integrierte Speicherbank, die die höchsten und niedrigsten Werte protokolliert, damit Sie feststellen können, wie gut Sie im bevorzugten Bereich geblieben sind.

Wasser

Wenn Sie Ihre Pflanzen gießen, steigt die Luftfeuchtigkeit stark an. Dies ist in der Wachstumsphase in Ordnung, da Sie nur den Boden und die Wände besprühen, um die Luftfeuchtigkeit zu erhöhen.

Während der Blütezeit steigt die Luftfeuchtigkeit nach dem Gießen der Pflanzen häufig zu stark an. Sobald die Lichter im Growraum nicht mehr an sind, sinkt die Temperatur und das Absaugen von heißer Luft ist unnötig, was in der Regel die Ursache für eine Zunahme der Luftfeuchtigkeit ist.

Versorgen Sie Ihre Pflanze mit Wasser, sobald das Licht an ist. Auf diese Weise verdunsten der größte Teil des Wassers im Laufe des Tages. Verstehen Sie, dass es kontraproduktiv ist, Wasser auf die Blüten zu sprühen, da Sie die Wahrscheinlichkeit erhöhen, dass die Luftfeuchtigkeit ansteigt und dies in der Blütephase zu Schimmel führt.

Cannabis Pflanzen im Freien
Die Luftfeuchtigkeit spielt beim Anbau Ihrer Cannabispflanzen im
Freien eine viel geringere Rolle. Der Frühling und der Beginn des
Sommers bieten eine höhere Luftfeuchtigkeit, was sehr gut
funktioniert, da an der Pflanze keine Blüten vorhanden sind, an
denen sich Feuchtigkeit ansammeln kann. Feuchtigkeit auf der
Pflanze aus Morgentau wird leicht im Laufe des Tages verdunsten.

Sobald die Sommerzeit endet, beginnt die Blütephase und das Klima
ändert sich, was zu kühleren Tagen und mehr Niederschlag führt.
Dies erhöht normalerweise die Luftfeuchtigkeit. In den kühleren
Monaten kann der Morgentau ein Problem sein, da die Sonne nicht
immer garantiert herauskommt und die Temperaturen manchmal zu
niedrig sind, um die angesammelte Feuchtigkeit zu verdunsten.

Glücklicherweise lässt ein bisschen Regen die Blüten nicht gleich
verfaulen, aber nur für den Fall, dass Sie danach Ausschau halten
möchten. In der letzten Phase der Blüte ist es möglicherweise eine
gute Idee, morgens den Tau von Ihren Cannabis-Pflanzen zu
entfernen.

Wenn Sie bemerken, dass Regen zu erwarten ist, bringen Sie Ihre
Pflanzen an einen Ort, an dem sie trocken und vor Regen geschützt
aufbewahrt werden können. Es ist immer am besten, die
notwendigen Vorsichtsmaßnahmen zu treffen.

6.3 Temperatur- und Wassermanagement:

Optimale Temperaturen sind essentiell für den Anbau von erstklassigem Gras. Finden wir heraus, bei welchen Temperaturen die Cannabispflanzen am Besten gedeihen und wie man diese erreichen kann.

Wir Menschen mögen angenehme Temperaturen, um unseren Alltag zu genießen. Nun, Cannabis ist da nicht anders. Während des Wachstums müssen optimale Temperaturen beibehalten werden, um die außergewöhnlichen Blüten zum Blühen zu bringen und nach dem Ernten erleben zu können.

Während der vegetativen Phase fühlt sich die Cannabispflanze zwischen 21-29°C am wohlsten. Während der Blütephase zwischen 18-26°C.

Die Temperaturschwankung zwischen Nacht- und Lichtzyklus sollte um die 6°C liegen. In der vegetativen Phase also zwischen 21°C während der Nacht (bei ausgeschaltetem Licht) und 27°C während dem Tag (bei angeschaltetem Licht). In der Blütephase ist der ideale Punkt bei um die 18°C nachts und 24°C tagsüber.

Sobald Du Dich für eine Örtlichkeit zum Anbauen entschieden hast, kann die Wahl der Cannabissorte hinsichtlich der klimatischen Bedingungen für das Ergebnis entscheidend sein.

Sollten Deine Pflanzen unerträglichen Sahara-Temperaturen ausgesetzt sein oder sich wie Leo aus Titanic zu Tode frieren, dann haben wir hier einige Lösungen für Probleme mit den Temperaturen:

ZU HEISS:

Sollte es während der Blütephase zu heiß sein, etwa über 26°C, dann verlieren die Knospen ihre Potenz und riechen aufgrund der Verflüchtigung der Terpene stark. Terpene sind verantwortlich für den Geruch und den Geschmack der Knospen, ebenso wie für das Kühlen der Pflanze und die Abwehr lästiger Plagegeister. Es ist besonders wichtig, zwischen Woche 6-7 der Blütephase für korrekte Temperaturen zu sorgen, da zu diesem Zeitpunkt die Terpen-Produktion beginnt.

Bei hohen Temperaturen ist die Pflanze anfällig für Spinnmilben, Mehltau, Nährstoffbrand, Fäulnis an den Wurzeln, starkes Strecken und Welken. Wenn es heiß ist und dazu eine hohe Luftfeuchtigkeit vorherrscht - etwa über 70RH - muss man mit Schimmel rechnen.

Im Allgemeinen lassen wirklich hohe Temperaturen das Wachstum der Cannabispflanze stagnieren und in Extremfällen wird die Pflanze eingehen. Dies ist natürlich nicht akzeptabel.

Also, sehen wir uns ein paar Lösungsmöglichkeiten an!

I. PFLANZEN IM GROW ROOM
KLIMAANLAGE

Ein fantastisches Gerät, um die Luft auf zufriedenstellende Temperaturen herunterzukühlen. Sie bläst kühle Luft in den gewünschten Bereich und drängt die heiße Luft auf der anderen Seite heraus. Du solltest aber dafür sorgen, dass die heiße Luft nicht in die Anbauräumlichkeiten gelangt, denn dann würdest Du Dich mit Deinen eigenen Waffen schlagen.

SUMPFKÜHLER

Sumpfkühler strömen wie Klimaanlagen kühle Luft aus, erhöhen aber außerdem die Luftfeuchtigkeit im Raum. Dies ist die perfekte Lösung für heiße und trockene Räumlichkeiten.

KOMPAKTLEUCHTSTOFFLAMPEN

Das Licht von Kompaktleuchtstofflampen eignet sich bestens zum Anbau von Cannabis. Diese Glühbirnen erzeugen nicht viel Wärme, Du kannst also Deine Pflanzen in nur wenigen Zentimetern Abstand zu diesen CFL-Lampen haben und alles wird glatt gehen. Dies ist die perfekte Lösung bei begrenztem Platz und wenn du unter dem Radar Anbauen musst. Diese Lösung ist für max. 3 Pflanzen zu empfehlen.

LAMPENKÜHLUNG

Luftgekühlte Lampen funktionieren fantastisch, da die um die Lampe erzeugte Wärme sofort abgezogen wird.

Wassergekühlte Lampen funktionieren genauso, nur dass hierbei Wasser den äußeren Glasrahmen entlangläuft und bis zu 93%, der von der Lampe erzeugten Hitze ableitet. Solltest Du Probleme mit Hitze haben und noch keine der beiden haben, dann ist dies vermutlich die günstigste und effektivste Methode, um die Temperaturen deutlich zu senken.

LICHTZYKLUS

Wenn es tagsüber zu heiß ist, dann ist es ratsam, den Nachtzyklus während der heißesten Zeitspanne einzustellen. Also beispielsweise die Lampen während der Blütephase nachts 12 Stunden einzuschalten und tagsüber 12 Stunden abzuschalten.

CO_2 ANREICHERUNG

Bei hohen Temperaturen um 30-35°C, kannst Du in Betracht ziehen, der Luft zusätzliches CO_2 hinzuzufügen, was einen ordentlichen Wachstumsschub auslösen würde. Die Erträge können um bis zu 20% ansteigen! Aber sei vorsichtig, denn diese Technik ist teuer und nicht für Anfänger geeignet. Eine absolute Kontrolle über die Bedingungen im Anbauraum ist essentiell.

LUFTZIRKULATION

Du benötigst eine gute Luftzirkulation im Zelt. Innerhalb solltest Du Ventilatoren haben, die für Luftzirkulation sorgen, um die Pflanzen mit frischer Luft und einer angenehmen Brise zu versorgen. Der Abluftventilator sollte die heiße Luft erfolgreich aus dem Zelt entfernen und vom Boden sollte frische Luft hereinziehen können.

2. PFLANZEN IM FREIEN

Wenn du draußen in einem heißen Klima mit optimaler Luftfeuchtigkeit anbauen solltest, dann sind Sorten mit längerer Blütezeit die bessere Option. Ist die Hitze allerdings unkontrollierbar, dann eignen sich Sorten mit kürzerer Blütezeit besser.

Es ist offensichtlich, dass die Temperaturen bei Cannabispflanzen im Freien sehr viel schwerer zu kontrollieren sind, aber es ist nicht unmöglich, die Temperaturbedingungen zu verbessern.

IN DEN BODEN!

Die perfekte Lösung ist es, die ganze Pflanze direkt in den Boden zu pflanzen, allerdings solltest Du vorher sicherstellen, dass der Erdboden für Cannabis geeignet ist. Unter der Erdoberfläche ist die Hitze nicht so durchdringend wie in Töpfen und die Pflanze kann unter den richtigen Umständen mit Temperaturen bis zu 40 °C umgehen! Halte die Wurzeln schön kalt, wenn es richtig heiß ist.

PFLANZEN IN TÖPFEN

Wenn Deine Pflanzen unter heißen klimatischen Bedingungen in großen Töpfen untergebracht sind, dann können sich die Töpfe extrem aufheizen, was sich auf die Wurzeln auswirken und desaströse Folgen für die Pflanze haben wird. Eine Lösung ist das Anmalen des Topfs mit einer speziellen Farbe, die entwickelt wurde, um das Licht zu reflektieren.

Man kann außerdem die Erdoberfläche mit Mulch bedecken, um eine Wärmedämmung bei sehr kalten und sehr heißen Temperaturen zu erzeugen.

Du kannst den Topf vollständig oder teilweise im Erdboden versenken oder ihn einfach mit so viel Schatten wie möglich versorgen, ohne dabei die Pflanze in den Schatten zu stellen. Es gibt viele Möglichkeiten, um die Töpfe zu kühlen oder für Schatten zu sorgen, also rauche einen Joint und werde kreativ!

MIKRO-ZERSTÄUBER

Für Outdoorpflanzen ist dies die perfekte Wahl, um Pflanzen deutlich abzukühlen. Diese Zerstäuber versprühen winzige Wassertröpfchen, welche die Pflanzen abkühlen können, dabei ist es jedoch wichtig, nicht zu viel auf die Pflanzen zu sprühen, vor allem wenn die relative Luftfeuchtigkeit (RH) erhöht ist.

ZU KALT

Im Allgemeinen kann man festhalten, dass alles unter 15°C für eine Cannabispflanze zu kalt ist. Die Pflanze stagniert im Wachstum und ist anfälliger für hängende Blätter und Verfärbungen der Blätter, was die Photosynthese reduziert. Wenn es kalt und feucht ist, musst Du mit Schimmel rechnen. Wenn es zu kalt ist, kann die Pflanze über Nacht komplett absterben, so wie Leo. Die Pflanze kann zwar mit ausreichend Wärme wiederbelebt werden, aber sie wird ihr Potential nicht mehr voll ausschöpfen können.

Also, sehen wie uns ein paar Lösungen an!

1. PFLANZEN IM GROW ROOM
HEIZUNG

Du kannst Dir eine Heizung besorgen, die heiße Luft ausströmt, musst dabei aber aufpassen, dass sie nicht direkt auf die Pflanzen bläst. Mit Öl befüllte Säulenöfen sind eine gute Option, da sie ohne Luftdruck an den Außenflächen Wärme erzeugen.

MH/HPS LAMPE

Anstatt Kompaktleuchtstofflampen kannst Du MH oder HPS Lampen verwenden, da diese mehr Wärme erzeugen.

WÄRME DER LAMPE

Du könntest die luftgekühlten Glasplatten der Lampe entfernen, so dass die Lampe mehr Wärme erzeugen kann. Aber sei vorsichtig, denn die Temperatur kann um bis zu 6°C ansteigen.

HEIZMATTEN

Du kannst Heizmatten unter die Pflanzen legen, um die Wurzeln mit zusätzlicher Wärme zu versorgen. Diese werden meistens bei kleineren Anbau-Vorgängen eingesetzt.

HEIZKABEL

Diese Kabel werden eingesetzt, um den Boden zu erwärmen. Die Hitze soll sich gleichmäßig im Topf verteilen, deshalb solltest Du das Kabel unter ein Material legen, das Hitze verteilt und mit dem Topf verbunden ist. Diese Technik ist auch am besten geeignet für kleinere Mengen.

WÄRMEDÄMMUN

Du kannst Abdichtungssysteme verwenden, um die Wärme im Zelt und die Kälte draußen zu halten.

2. PFLANZEN IM FREIEN
KURZE LEBENSDAUER

Wenn Du in kälteren Klimazonen wie Kanada oder Nordeuropa anbaust, in denen der Frühling spät- und der Winter früh kommt, dann sollten die Cannabissorten eine kurze Blütezeit haben, um die Zeitspanne, in der die Pflanzen richtig kalten Temperaturen ausgesetzt sind, zu verkürzen.

POLYEHTYLEN-KUNSTSTOFF

Du kannst Deine Pflanzen mit Polyethylen-Kunststoff zudecken. Dies wird sie während der Nacht schön warm halten. Aber Du musst die Pflanzen atmen lassen! Deshalb decke tagsüber so viel wie möglich wieder ab.

GAS-TERRASSENHEIZER

Du kannst Gas-Terrassenheizer für Outdoor-Pflanzen verwenden, um ihnen die höheren Temperaturen und Bequemlichkeiten zu bieten, die sie während den kühlen Nächten verdienen.

7.Schädlings- und Krankheitsbekämpfung

7.1 Identifikation häufiger Schädlinge:

Ein visueller Leitfaden für Cannabis-Schädlinge und - Krankheiten
Du hast vielleicht in die besten Cannabis-Samen, ein hochwertiges LED-Grow-Licht und einen ausgeklügelten Grow-Room investiert. Aber all das kann zunichte gemacht werden, wenn Schädlinge und Krankheiten deine Ernte in die Hände bekommen. Viele Menschen wissen nicht, was ein Schädling ist und wie man ihn am besten bekämpft. Aber wenn du diesen Leitfaden liest, erfährst du alles, was du wissen musst.

Die häufigsten Cannabis-Schädlinge erkennen
Wenn sie rechtzeitig erkannt werden, kann man Cannabis-Schädlingen zu Leibe rücken. Schwerwiegendere Probleme entstehen in der Regel, wenn die Schädlinge Zeit haben, sich in deinem Grow-Room zu etablieren. Einige der schwierigeren Schädlinge und was man gegen sie tun kann, werden im Folgenden beschrieben.

Es ist erwähnenswert, dass viele Indoor-Grower (und Gewächshaus-Grower) jetzt routinemäßig UVB-Zusatzlichter an ihrem Anbauort einsetzen. Die UVB-Strahlung hat oft einen positiven Effekt auf die Reduzierung (vielleicht sogar die Beseitigung) von Schädlingen, bevor sie sich etablieren können, und ist ein gutes Mittel zur Schädlingsbekämpfung.

Wenn du jemals schädlingsverseuchtes Gewebe/Blätter von deiner Pflanze findest und entfernst, ist ein nützlicher Tipp, dass du dieses Abfallmaterial niemals in deinem Grow-Room aufbewahrst. Cannabis-Stecklinge/Klone von Freunden sind eine weitere häufige Quelle für ungewollte Schädlinge/Krankheiten. Wenn du deine Indoor-Pflanzen einen Nachmittag lang in der Sonne stehen lässt, ist das auch eine gute Möglichkeit, versehentlich Schädlinge in deinen Grow-Room einzuschleppen.

Cannabis-Blattläuse

Cannabis-Blattläuse können sowohl im Indoor- als auch im Outdoor-Grow eine große Plage sein. Sie sind oft auf der Unterseite der Blätter zu finden und können je nach Alter und Reifegrad in verschiedenen Größen auftreten.

Sprays auf Seifenbasis können nützlich sein, um die Aktivität von Blattläusen zu reduzieren, ebenso wie Blattlausjäger wie Marienkäfer, die online gekauft werden können.

Wenn du den Befall mit Blattläusen nicht unter Kontrolle bringst, kann sich die Population schnell ausbreiten und ein klebriges Durcheinander auf deinen Pflanzen hinterlassen, das die Qualität und Quantität der Ernte verringert.

Seepocken / Schildläuse

Diese weißen oder roten Kreaturen sehen ähnlich aus wie Seepocken und heften sich an die Stängel, Äste und Blätter deiner Pflanzen. Man nennt sie auch *Wachsschuppen.* Wie Blattläuse produzieren sie einen klebrigen Abfall, der als Honigtau bezeichnet wird, auf deinen Pflanzen. Auch hier kann ein Seifenspray helfen, sie zu entfernen. Das Gleiche gilt für ein starkes Wasserspray, Neemöl oder Raubinsekten wie Florfliegen und Marienkäfer.

Cannabis-Breitmilben

Breitmilben sind eine ernsthafte Plage, wenn sie sich erst einmal eingenistet haben. Sie sind so winzig, dass du sie vielleicht nicht einmal mit einer Lupe bemerkst. Die gequälten Blätter sehen verdreht, schlaff, glänzend, blasig und ungesund aus. Die Grower verwechseln den Befall oft mit pH-Wert, Hitzestress oder Nährstoffproblemen, was die Schwierigkeiten noch vergrößert.

Spezielle chemische Sprays (sogenannte Mitizid-Sprays, z.B. „Forbid", „Avid" und „IC3") können verwendet werden, werden aber von Cannabis-Züchtern oft nicht bevorzugt. Stattdessen werden Neemöl und Seifensprays verwendet. Milbenräuber wie Neoseiulus sind eine gute Hilfe. Auch Kieselgur kann helfen.

Raupen und Zollwürmer

118

Sie können sich durch die Blätter deiner Pflanzen fressen und hinterlassen oft schwarzen Kot. Wenn du sie entfernst, bleibt dein Laub intakt und die Pflanzen wachsen besser. Es gibt zwar Anti-Raupen-Sprays, aber wenn organische Knospen und gesunder Rauch ganz oben auf deiner Prioritätenliste stehen, wäre es einfacher, die Schädlinge von Hand zu entfernen.

Grillen

Grillen ernähren sich oft von Cannabisblättern, lassen sich aber leicht von Hand entfernen. Im Allgemeinen sind Grillen keine großen Schädlinge, aber Maulwurfsgrillen können sich in das Wurzelsystem von Cannabis eingraben und sind eine Plage, auch wenn sie nur selten vorkommen. Pflanzenschutznetze können nützlich sein, um solche Insekten von deinen Pflanzen fernzuhalten.

Trauermücken

Trauermücken kommen oft aus deiner Erde, nachdem sie aus ihren Eiern geschlüpft sind. Erden, die Kompost aus Holzspänen enthalten, scheinen besonders anfällig für Trauermücken zu sein. Einige Indoor-Grower kaufen bewusst holzfreie Erdpräparate, um das Risiko von Trauermücken zu minimieren, die das Wurzelsystem erheblich schädigen und das Wachstum hemmen können.

UVB-Zusatzlichter haben eine erfreulich zerstörerische Wirkung auf Mücken – und auch auf andere Insektenschädlinge. Rollen mit Fliegenklebeband sind ebenfalls wirksam. Kieselgur bildet eine Barriere, die verhindert, dass viele Larven aus dem Boden schlüpfen. Viele Grower sehen Trauermücken während des Anbaus. Eine geringe Präsenz bedeutet nicht automatisch eine Katastrophe für deine Ernte, aber sie kann die Pflanzengesundheit und die Wachstumsraten verringern.

Grashüpfer

Grashüpfer fressen gerne das Laub deiner Pflanzen. Sie lassen sich leicht von Hand entfernen. Ein Netz um deine Pflanzen herum kann verhindern, dass Grashüpfer auf ihnen landen.

Blattzikaden

Blattzikaden gibt es in einer verwirrend breiten Palette von Farben. Ihr Hauptproblem ist das Aussaugen des Pflanzensaftes, wobei sie weiße, braune oder gelbe Flecken hinterlassen. Sie haben Flügel, sechs Beine und können springen. Sie sind besonders bei heißem, trockenem Wetter ein Problem, wenn sie den größten Bedarf an Feuchtigkeit/Saft haben. Es gibt spezielle Insektizid-Sprays, aber nur wenige Grower wollen ihre Knospen mit Insektiziden besprühen, die sie später vapen werden. Neemöl wird von vielen bevorzugt, ebenso wie nützliche Raubtiere wie die Freunde des Cannabis-Growers, der Marienkäfer, die Florfliege und die parasitären Wespen.

Minierer

Minierer sind eigentlich Larven, die im Gewebe deiner Cannabis Blätter leben. Ihr Schaden ist als weiße, wellenförmige Spuren in deinen Blättern sichtbar. Parasitische Wespen, bekannt als Diglyphus isaea, sind eine gute Lösung, ebenso wie Neemöl oder Spinosad.

Schmierläuse

Schmierläuse sehen aus wie haarige weiße Miniatur-Landasseln. Ihre Honigtaurückstände können Schwarzschimmel anlocken und sie sind nicht gut für die Pflanzengesundheit. Das Besprühen mit Neemöl, Seifenlösungen und sogar Alkohol wurde schon mit einigem Erfolg ausprobiert. Auch Marienkäfer als Fressfeinde können nützlich sein.

Pflanzenzikaden

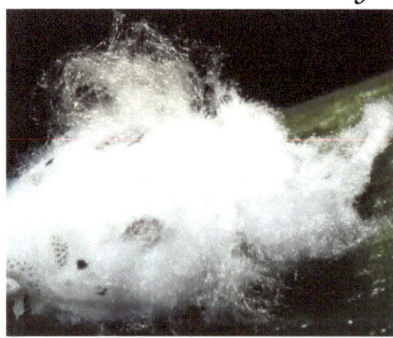 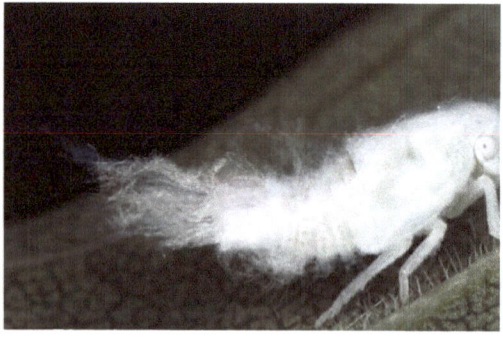

Pflanzenzikaden sind kleine geflügelte Insekten, die eine weiße Ausscheidung produzieren, die wie Schimmel aussieht. Sie saugen den Saft aus deinen Pflanzen und beeinträchtigen die Gesundheit und Vitalität der Pflanzen. Die Jungtiere sehen aus wie Babykrabben mit roten Augen. Die üblichen Seifensprays oder nützliche Raubinsekten sind die beste Lösung.

Rostmilben

Ein Befall mit Hanf-Rostmilben kann wie eine gelb gefärbte Masse aussehen, die die Zweige bedeckt und schlaffes Laub verursacht. Hängende oder sich kräuselnde Blätter sind keine Seltenheit, und ein Befall mit Rostmilben wird oft als anderes Problem fehldiagnostiziert. Die einzelnen Milben sind fast zu klein, um sie zu sehen. Die Symptome sind oft in der Nähe der Pflanzenspitzen am stärksten. In den schlimmsten Fällen muss die ganze Pflanze entsorgt werden. In leichten Fällen kannst du es mit den üblichen Sprays versuchen. Insektizid-Sprays sind wirksam, aber bei Knospen, die du vapen willst, schwer zu rechtfertigen. Raubmilben wie Amblysieus andersoni könnten eine Möglichkeit sein.

Nacktschnecken / Schnecken

Nacktschnecken und Schnecken fressen und beschädigen das Laub und müssen umgehend entfernt werden. In der Regel sind sie leicht zu erkennen und manuell zu entfernen, sodass ein Befall selten sein sollte.

Spinnmilben

Spinnmilben können ein echtes Ärgernis sein. Sie sind oft als kleine Flecken auf der Unterseite der Blätter zu finden, aber ihr wichtigstes Anzeichen sind die zahlreichen kleinen weißen „Bissstellen", die auf der Oberseite der Blätter zu sehen sind. In schweren Fällen sind Gespinste sichtbar.

Behandle Spinnmilben, indem du die Luftzirkulation erhöhst und den Milben die niedrige Luftfeuchtigkeit und die hohen Temperaturen, in denen sie sich gerne vermehren, entziehst. Seifensprays und spezielle Anti-Milben-Sprays sind nützlich. Fressfeinde und Kieselgur können ebenso helfen wie niedrigere Temperaturen/höhere Luftfeuchtigkeit. Wiederholte, kontinuierliche Behandlungen sind wichtig, um neu geschlüpfte Milben abzutöten. Raubmilben wirken sehr gut gegen Spinnmilben.

Thripse

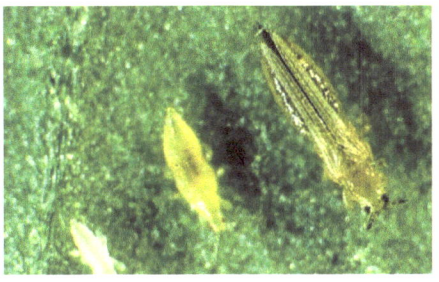

Thripse sind kleine, dunkel gefärbte, geflügelte Insekten mit langen Fühlern, die eine echte Plage sein können, wenn sie sich in deinem Grow-Room niederlassen. Du kannst auch gelbe/goldene und sogar farblose Thripse sehen. Wie bei anderen Schädlingen ist es viel einfacher, sie zu vermeiden, als sie zu beseitigen. Sie können das Laub der Pflanzen schädigen und so Gesundheit, Ertrag und Stärke verringern. Nach einem Thripsbefall bleiben helle Flecken auf den Blättern zurück. Zu den besten Behandlungen gehören das Besprühen mit Seifenwasser/Nemöl, Kieselgur und regelmäßige Inspektionen. Natürliche Fressfeinde wirken gut gegen Thripse. Raubmilben scheinen die beste Option zu sein, insbesondere Orius und Amblyseius cucumeris.

Weiße Fliegen / Weiße Fliege

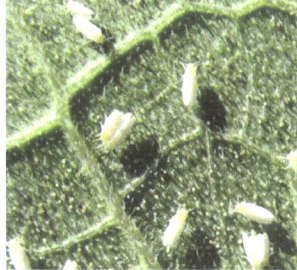

Weiße Fliegen sehen aus wie kleine weiße Motten, die sich gerne auf der Unterseite von Blättern aufhalten. Sie verursachen Schäden und hinterlassen einen klebrigen Rückstand, der Schimmel anziehen kann. Wenn sie befallen sind, kannst du einen Zweig schütteln und beobachten, wie sie abheben und fliegen. Das Besprühen mit Seifenwasser und die Behandlung mit Neemöl sind zwei Möglichkeiten. Raubinsekten wie Marienkäfer sind eine gute Option.

Identifizierung der häufigsten Cannabis-Krankheiten

Es gibt zahlreiche Cannabis-Krankheiten. Aber sei versichert: Wenn du aus Cannabis-Samen anbaust (und nicht aus Klonen, die immer ein Risiko für eingeschleppte Krankheiten bergen) und einen sauberen Grow-Room pflegst, ist es unwahrscheinlich, dass du diese Krankheiten siehst.

Knospenfäule oder Schimmel

Die auch als Botrytis bekannte Knospenfäule ist eine grausame Krankheit, die deine erntereifen Knospen in Schimmel verwandeln kann. Absterbende Blätter und Fäulnis an der Basis der Blätter sind die Anzeichen. Vermeide die Knospenfäule, indem du die Luftfeuchtigkeit in der Blütezeit niedrig hältst.

Zusätzliches UVA/UVB-Licht kann die Schimmelsporen reduzieren und kann in Betracht gezogen werden. Außerdem kannst du die Luftzirkulation verbessern, überschüssiges Laub entfernen, befallene Pflanzenteile sofort entfernen und die Pflanze überwachen. In den schlimmsten Fällen musst du vielleicht früher ernten.

Wurzelfäule

Braune, schleimige Wurzeln (im Gegensatz zu weißen/cremefarbenen gesunden Wurzeln) sind ein Zeichen für Wurzelfäule. Deine Pflanze hängt herunter, weil sie nicht die Nährstoffe bekommt, die sie normalerweise erhält. Wurzelfäule kann durch verschiedene Krankheitserreger, Pilze, Algen und Parasiten verursacht werden, führt aber oft zu den gleichen Problemen. Hydrokulturen sind besonders anfällig dafür.
Übermäßig heiße Wassertanks helfen nicht, ebenso wenig wie Nährstoffzufuhr mit niedrigem Sauerstoffgehalt oder Lichtlecks in der Wurzelzone von Hydrokulturanlagen. Ertrag und Stärke werden leiden, wenn die Wurzelfäule nicht behoben wird. Nützliche Bakterien können helfen, ebenso wie die Beseitigung von Lichtlecks. Manche Grower finden auch, dass spezielle antibakterielle Nährstoffzusätze auf Silberbasis oder Wasserstoffperoxid die Gesundheit der Wurzeln wiederherstellen können.

Tabakmosaikvirus (TMV)

TMV wurde zuerst bei der Tabakpflanze entdeckt und kann über 100 Pflanzensorten befallen. Es verursacht ungewöhnliche blasse Mosaik-/Sprenkelflecken auf den Blättern und verdrehtes Wachstum. Deine Pflanzen können kränklich erscheinen und langsam wachsen. TMV kann nicht geheilt werden und wird oft mit anderen Krankheiten/Problemen verwechselt, was es für Cannabis-Growers zu einem schwierigen (und möglicherweise recht seltenen) Problem macht.

Weißer pulverförmiger Schimmel

128

Wenn du jemals eine weiße, pudrige Substanz auf deinen Stängeln/Blättern gesehen hast, dann hast du vielleicht den Weißen Mehltau/Schimmel. Er ist reversibel und behandelbar, wenn er früh genug erkannt wird, sonst stirbt deine Pflanze. Weißer Mehltau gedeiht bei schlechter Luftzirkulation und hoher Luftfeuchtigkeit. Zu den Behandlungen gehört das Besprühen mit einer 33%igen Milchlösung oder einem verdünnten Kaliumbicarbonat-Spray (1 Esslöffel pro Gallone Wasser).

Wie man Cannabis-Ungeziefer und -schädlinge biologisch bekämpft

Vorbeugen ist immer besser als heilen. Früherkennung ist immer besser als Befall. Überwache deine Pflanzen regelmäßig und sorgfältig. Die meisten Home Grower halten ohnehin nur kleine Pflanzenbestände, so dass zusätzliche Kontrollen nicht viel Zeit in Anspruch nehmen. Vermeide die Versuchung, Klone/Stecklinge zu verwenden. Selbst vertrauenswürdige Klonquellen haben manchmal enorme Probleme mit Schädlingen/Krankheiten. Der Anbau von Cannabis-Samen in einem regelmäßig gereinigten Grow-Room ist eine gute Praxis.

Vorbeugung gegen Schädlinge an Outdoor-Cannabis

Oft haben deine Schädlinge natürliche Fressfeinde, die den Befall von Outdoor-Pflanzen unter Kontrolle halten sollten. Wenn das nicht der Fall ist, musst du vielleicht selbst aktiv werden. Es ist immer eine gute Idee, natürliche Fressfeinde zu kaufen und auf deinen Pflanzen auszusetzen. Im schlimmsten Fall musst du in Erwägung ziehen, deine Pflanzen mit einem seifigen Reinigungsmittel zu besprühen, das viele pflanzliche Schädlinge beseitigt.

Vorbeugung gegen Schädlinge an Indoor-Cannabis
*Die Schädlingsbekämpfung bei Indoor-Cannabis kann schwieriger
sein, da es in der Regel keine natürlichen Fressfeinde gibt, die von
einem Überschuss an Schädlingen profitieren könnten. Das bedeutet,
dass deine Hauptoptionen darin bestehen, natürliche Fressfeinde wie
Marienkäfer/Florfliegen und Raubmilben einzuschleppen oder mit
Pflanzenbehandlungen wachsam und proaktiv zu sein.*

Vorbeugung gegen Schädlinge bei Cannabis im Gewächshaus
*Gewächshäuser bieten enorme Vorteile: Sie schützen deine Pflanzen
vor den schlimmsten Witterungsbedingungen und verlängern deine
Anbausaison. Aber Schädlingsbefall kann schwer zu bewältigen
sein, vor allem in schweren Fällen, da es in der Regel nicht genügend
Raubinsekten gibt, um damit fertig zu werden. Du kannst natürlich
immer mehr Raubinsekten einsetzen. Ein ernsthafter Gewächshaus-
Grower sollte seine Pflanzen während des Anbaus regelmäßig
kontrollieren.*
Schimmelpilzresistente Cannabis-Strains
*Es wäre schön, wenn es Cannabis-Strains gäbe, die gegen alle
Schädlinge und Krankheiten resistent sind, aber das ist leider nicht
der Fall. Aber es gibt einige schimmelresistente Cannabis-Sorten –
besonders wertvoll sind schimmelresistente Outdoor-Sorten. Wie
immer ist es wichtig zu betonen, dass die besten Ergebnisse erzielt
werden, wenn die Pflanzen vom Cannabis-Samen bis zur Ernte
unter den besten Bedingungen angebaut werden, die du bieten kannst.*

Frisian Dew

Passion #1

Durban Poison

Vorbeugen ist immer besser als heilen!
Überwache deine Pflanzen sorgfältig und versuche sicherzustellen,
dass es sich um einen kleinen Ausbruch handelt, wenn du mit einem
Schädlings- oder Krankheitsbefall konfrontiert wirst. Der Anbau
von Cannabis-Samen anstelle von Klonen/Stecklingen ist eine
weitere Möglichkeit, importierte Schädlinge zu vermeiden.
Diejenigen, die zusätzliches UVA/UVB-Licht verwenden, haben
vielleicht schon bemerkt, wie es hilft, Schädlinge zu unterdrücken.
Eine gute Gestaltung des Grow-Rooms, die heiße/abgestandene Luft
vermeidet, trägt ebenfalls dazu bei, die Bedingungen im Grow-
Room zu optimieren.

Aber es lohnt sich auch hinzuzufügen, dass die meisten Grower, die
die grundlegenden Ratschläge befolgen, nur selten ernsthafte Probleme
oder einen Befall erleben. Die meisten Grower werden ihre Ernte
erfolgreich und ohne große Sorgen einfahren! Wähle hochwertige
Cannabis-Genetik von einer Samenbank deines Vertrauens und
genieße deinen Anbau!

132

7.2 Präventive Maßnahmen und organische Schädlingsbekämpfung

IPM für medizinisches Cannabis – mehr Qualität und Ertrag dank bewährter biologischer Methoden

Der Weg zum nachhaltigen Anbau
Als Cannabis bzw. Hanf bezeichnet man mehrere Spielarten der Pflanzenart Cannabissativa. Der Lebenszyklus der Pflanzen von der Keimung bis zur Samenproduktion vollzieht sich innerhalb einer Saison (einjährig). Danach sterben die Pflanzen ab. Einige Sorten werden für die Faserherstellung, andere für Genusszwecke angebaut. Medizinisches Cannabis dient therapeutischen und pharmazeutischen Zwecken. Cannabis wird in drei verschiedene Typen eingeteilt: „sativa", „indica" und „ruderalis". Unklar ist aber, ob es sich dabei um verschiedene Arten oder nur Unterarten von Cannabissativa handelt.

Nützlinge und biologische Lösungen sind die Zukunft und genau deshalb beim Anbau von nachhaltigen und hochwertigen Cannabispflanzen weltweit ein wesentlicher Bestandteil.

Unsere technisch versierten Berater unterstützen Sie gerne dabei, Ihre Programme für eine integrierte Schädlingsbekämpfung (IPM) optimal zu nutzen und speziell auf Ihre Kulturen abzustimmen. Unser Ziel ist Ihnen den besten Wert für ihre Investition zu liefern

Das kann unser Team für Sie tun:

Optimierung von Pflanzenqualität, Ertrag und Kosteneffizienz
Einhaltung von strengen Vorschriften

133

Erfüllen der Verbrauchernachfrage nach rückstandsfreien
Erzeugnissen
Bereitstellung langfristig nachhaltiger Lösungen
Resistenzmanagment in einem immer schwieriger werdenden
Umfeld
Dadurch ergeben sich mehrere Vorteile, u. a.:

Mehrwert bei den Pflanzen – Premium-Erzeugnisse
bessere Vermarktungsmöglichkeiten
mehr Sicherheit für Beschäftigte, Verbraucher und Umwelt

Prävention und Überwachung
Der wichtigste Baustein für IPM-Programme ist die Prävention.
Idealerweise starten Sie mit schädlingsfreien Pflanzen, achten auf
gute Hygiene und sorgen für optimale Wachstumsbedingungen für
eine gesundes Pflanzenwachstum.

Ein weiterer Baustein ist eine präventive biologische Kontrolle. Bei
Bedarf empfiehlt sich ein „stehendes Heer" aus Nützlingen, die die
erste Abwehrlinie bilden.

134

Cannabispflanzen müssen regelmäßig auf Schädlinge und Krankheiten kontrolliert werden. Dadurch werden Probleme frühzeitig erkannt und das biologische Gleichgewicht (von Schädlingen und Nützlingen) kann eng überwacht werden. Darauf aufbauend lassen sich datengestützte Entscheidungen über die besten Bekämpfungsstrategien treffen. Mit Biobest stehen Ihnen garantiert die neuesten arbeitssparenden und kosteneffizienten Technologien und Hightech-Überwachungsmöglichkeiten zur Verfügung.

Kurative Maßnahmen

Wenn Schädlinge und Krankheiten einen bestimmten Schwellenwert überschreiten, sind kurative Biokontroll-Maßnahmen notwendig. Dazu können z. B. die geplante Aussetzung von Makroorganismen (nützliche Insekten, Milben und Nematoden) oder biologische Pflanzenschutzmittel (auf der Basis von natürlichen Substanzen und Mikroorganismen) gehören. Unsere technischen Berater informieren Sie gerne darüber, welche Produkte und Dosierungen für Ihre spezielle Situation am besten geeignet sind.

Wenn das Gleichgewicht zwischen Schädlingen und Nützlingen gestört ist, sind eventuell Korrekturmaßnahmen notwendig, idealerweise mit einem Biorational. Eine örtlich begrenzte Behandlung mit konventionellen Pflanzenschutzmittel empfehlen wir nur als letztes Mittel. Dieses sollte dann nach Möglichkeit mit Nützlingen kompatibel, also selektiv und mit kurzer Persistenz, sein. Um die Gefahr von Resistenzen zu minimieren, sollten die gleichen Pflanzenschutzmittel bzw. Pflanzenschutzmittelgruppen nicht unbedacht wiederholt eingesetzt werden.

Bei detailierteren fragen zu
Schädlinge und Krankheiten
verweise ich auf mein Buch
‚Canabis die beim Growen
entstehende krankheiten

Dort gehe ich auf jede Krankheit auf alle schädlinge und
und dessen Problemlösung ein

8. Ernte und Trocknung

8.1 Optimale Erntezeitpunkte

Bananen werden oft noch grün geerntet und bekommen erst im Supermarkt ihre typisch gelbe Farbe. Denn Bananen reifen nach, auch wenn sie bereits geerntet wurden. Bei Cannabis geht das leider nicht so einfach: Der optimale Erntezeitpunkt ist ein relativ kleines Zeitfenster, in dem der THC-Gehalt so hoch wie möglich ist. Doch wie erkennt man diesen Zeitpunkt?

Exkurs: Wann ist eine Pflanze „reif"?
„Reif" hat für die meisten Grower genau eine Bedeutung: Ein Maximum an Cannabinoiden, im besten Fall THC. Die THC-Produktion in der Pflanze setzt erst in den letzten Wochen der Blütephase so richtig ein. Der THC-Gehalt der Blüten steigt dann immer weiter an. Durch Umwelteinflüsse (UV-Licht) und chemische Reaktionen zerfällt das THC aber wieder. Genau genommen zerfällt es sogar dauerhaft, die Pflanze produziert aber genügend nach. Nur irgendwann ist der Punkt erreicht, an dem die Pflanze keinerlei neues THC mehr produziert und der THC-Gehalt durch die oben beschriebenen Faktoren wieder sinken würde.

137

Ganz genau an diesem Punkt hat man den maximalen THC-Gehalt erreicht und sollte die Pflanze direkt ernten. Aber kein Stress: Ihr habt dabei ein Zeitfenster von circa einer Woche.

Ernten für Anfänger
Für Anfänger gibt es folgende Faustregel: „Wenn 50–75 % der Härchen an den Blüten braun werden, ist die Pflanze reif zur Ernte!"

Tatsächlich spielen die Blütenkelche (Calyxe) eine große Rolle. In der Natur, wenn die weiblichen Pflanzen von männlichen bestäubt wurden, wachsen in den Blütenkelchen der weiblichen Pflanzen die Samen heran. Riesiger Nachteil: Wenn Samen produziert werden, hat die Pflanze viel weniger THC, außerdem ist das Endergebnis un(b)rauchbar. Doch auch wenn die Pflanzen unbestäubt sind, schwellen die Blütenkelche zum Ende der Blütephase hin stark an und geben den Blüten erst das typische knubbelige Aussehen. Die Blütenkelche werden dann immer runder und sehen insgesamt aus wie ein harzüberzogener, grüner Wassertropfen mit zwei Härchen an der Spitze. Die Härchen werden übrigens korrekt als „Stigmen" bezeichnet.

Allein an der Form der Blütenkelche kann man aber den richtigen Erntezeitpunkt nicht bestimmen. Fakt ist aber: Wenn die Blütenkelche noch nicht angeschwollen sind, muss man gar nicht erst nach anderen Reife-Indizien suchen.

Je reifer die Pflanze wird, desto mehr Stigmen sterben langsam ab, verfärben sich dann erst gelblich und dann braun. Tatsächlich kann man an den Stigmen den Erntezeitpunkt schon relativ gut bestimmen. Wie oben erwähnt: Wenn sich 50–75 % der Stigmen braun verfärbt haben, ist die Pflanze bereit zur Ernte.

Hier muss man aber dazu sagen, dass jede Sorte sich da ein bisschen anders verhält. Den wirklich optimalen Erntezeitpunkt bekommt ihr so nicht raus.

Und, ganz wichtig: Schaut euch nicht nur einzelne Blüten an, sondern betrachtet die Pflanze im Gesamten! Und hier fällt, zumindest Anfängern, sehr schnell auf: „Hoppla, die unteren Blüten sind ja noch lange nicht reif, die oben schon bereit zur Ernte."

Da der Reifeprozess 1:1 von dem erhaltenen Licht abhängt, werden die Blüten mit direkter Lichteinstrahlung tatsächlich viel schneller reif als die Blüten, die auf unteren Etagen im Schatten schlummern. Genau das ist übrigens auch der Grund, warum ihr die Pflanzen vor der Blütephase noch mal ordentlich von unten her ausdünnen solltet. So wird die Energie von Anfang an in die Hauptblüten gesteckt und am Ende gibt es zum Glück keine „Schatten-Buds", welche die Erntephase nur unnötig verzögern.

Ernten für Fortgeschrittene

Lasst euch nicht abschrecken. Mithilfe eines kleinen Taschenmikroskops kann jeder ganz einfach den richtigen Erntezeitpunkt selbst bestimmen, dafür muss man kein Vollprofi sein.

Sobald ca. 50 % der Stigmen braun geworden sind, sollte man einen Blick auf das Harz an sich werfen. Unter dem Mikroskop sieht man an den Blüten dann die Trichome. Kleine, zunächst durchsichtige Stäbchen mit einer durchsichtigen Kugel oben an der Spitze. Jeder Kiffer sollte wissen: Hier, in den kleinen Kugeln, steckt am meisten THC drin. Und genau diese Kugeln sollte man sich jetzt genau anschauen. Vor dem optimalen Reifezustand sind die Kugeln durchsichtig wie Glas.

Je reifer die Pflanze wird, desto milchiger wirken die Kugeln. Wenn sich einzelne Kugeln (10-20 %) braun/gelblich verfärben und die restlichen Kugeln milchig sind, ist der optimale Erntezeitpunkt gekommen.

Nun muss aber ganz ehrlich dazu gesagt werden: Hier scheiden sich die Geister. Manche behaupten, dass nur die milchigen Trichome optimal sind, die gelblich verfärbten bereits „abgebaut" seien und keine Wirkung hätten. Das Problem ist nur: Es werden einfach nicht alle Trichome gleichzeitig milchig. Teilweise sind einzelne sogar schon gelblich verfärbt, andere noch durchsichtig. Hier muss man als Grower tatsächlich ein bisschen selbst abschätzen, ob man eher ein paar durchsichtige Trichome (mit zu wenig THC) oder bereits verfärbte Trichome (mit wieder sinkendem THC-Anteil) haben möchte.

Von einem versetzten Ernten von Hanf halte ich relativ wenig. Manche Grower schneiden aber die Hauptblüten ab und geben den restlichen Blüten, die in deren Schatten lagen, noch ein paar Tage Zeit, um zu reifen. Mein Tipp wäre auch hier: Lieber vor der Blütephase so weit ausdünnen, sodass erst gar keine Blüten in Schatten landen.

Das Ding mit dem Spülen

Ein ganz typisches Problem: Die Pflanzen werden zu früh gespült. Eigentlich ist das ja kein großes Problem, nur verzögert es den Erntezeitpunkt. Wenn man mit einer Genetik zum ersten Mal arbeitet, sollte man aber lieber eine Woche zu früh als zu spät mit dem Spülen beginnen. Wenn die Blätter schon gelb werden, die Pflanze aber noch komplett voll mit milchigen Trichomen ist, habt ihr zu früh gespült, die Pflanze hätte die Nährstoffe noch gut gebrauchen können, kann jetzt aber, da die Blätter ohnehin bereits tot sind, nicht mehr viel mit Dünger anfangen.

140

Wenn ihr hingegen zu spät mit dem Spülen beginnt, ist die Pflanze zwar irgendwann komplett reif, steckt aber noch voller Düngersalze. Eine Tatsache, die spätestens beim Verkosten zu einigem Hustenreiz führen wird.

Insofern muss man für die Bestimmung des optimalen Erntezeitpunktes auch immer den ungefähren Nährstoffgehalt des Substrates/der Pflanze im Hinterkopf behalten.

Fazit
Der optimale Erntezeitpunkt ist eigentlich sehr einfach zu bestimmen. Ein Taschenmikroskop mit 20–50 -facher Vergrößerung reicht vollkommen aus und kostet nicht mehr als 10 €. Ohne Mikroskop kann man den Erntezeitpunkt nur relativ ungenau bestimmen, besonders wenn man mit einer neuen Genetik arbeitet, die man noch nicht kennt.

8.2 Erntemethoden und Werkzeuge

SO KANN MAN CANNABIS ERNTEN, TROCKNEN UND AUSHÄRTEN

Das Ernten, Trocknen, Trimmen und Aushärten von Cannabis ist der letzte Schritt, bevor man es schließlich rauchen, verdampfen oder anderweitig konsumieren kann. Auch wenn diese Phase weniger gefährlich ist als die Anbauphase, kann immer noch etwas schiefgehen. Wenn Du alles richtig machst, wirst Du das Beste aus Deinen Blüten herausholen, die Du monatelang sorgfältig angebaut hast. Täusche Dich aber nicht; diese letzten Phasen sind nicht weniger wichtig als die anderen.

1. WANN SOLLTE MAN CANNABIS ERNTEN?

Durch das richtige Timing Deiner Ernte optimierst Du die Qualität und Potenz Deines Ertrags. Erntest Du zu früh, werden die Trichome nicht vollständig entwickelt sein, was bedeutet, dass sie weniger THC enthalten werden als möglich wäre. Andererseits bedeutet eine zu späte Ernte, dass das THC in CBN zerfallen wird, was ein weniger potentes und eher lethargisches High bedeutet.

Timing ist also alles.

Einige Möglichkeiten, den Erntezeitpunkt zu bestimmen, sind:

Durch die Untersuchung der Trichome mit Hilfe eines Taschenmikroskops. Wenn etwa 70% milchig weiß sind, ist der THC-Gehalt am höchsten.
Indem man die Farbe der Blütenstempel untersucht (eine hohe Konzentration von roten/braunen Stempeln signalisiert, dass die Ernte bevorsteht)
Wenn viele der Blätter gelb werden (prüfe, ob dies ein Symptom eines Problems ist)
Schätzung auf der Basis der vermuteten Blütezeit der Sorte

2. SPÜLE VOR DER ERNTE

Obwohl die Effektivität nicht abschließend geklärt ist, "spülen" viele Grower ihr Cannabis bis zu einer Woche vor der Ernte.

Beim Spülen wird die Erde mit vielen Litern reinem Wasser mit neutralem pH-Wert gespült, bis der gesamte Dünger ausgewaschen ist. Dies führt dazu, dass die Pflanze ihre gesamten Reserven aufbraucht, die sie gespeichert hat, anstatt sie aus der Erde zu absorbieren.

Einige Grower sind der Ansicht, dass es den Gesamtgeschmack verbessert, wenn man die Pflanze dazu zwingt; andere sind sich da nicht so sicher. Wie auch immer, niemand scheint zu glauben, dass es schadet, und so ist es auf der Suche nach dem köstlichsten Weed wahrscheinlich einen Versuch wert!

3. ENTSCHEIDE DICH FÜR TROCKEN ODER NASS TRIMMEN

Entscheide Dich für trocken oder nass trimmen

Bevor Du Dein Weed erntest, solltest Du wissen, ob Du nass oder trocken trimmen wirst und Dich dementsprechend vorbereiten.

Trimmen ist der Teil der Ernte, bei dem man die Zuckerblätter von den Buds entfernt, so dass die Blüten manikürt und sauber zurückbleiben. Diese Praxis verbessert die Gesamtpotenz (prozentual zum Gewicht), den Geschmack und die Ästhetik.

Wir werden Dir in Kürze einen Überblick darüber geben, wie man trimmt, aber lass uns zunächst einen Blick auf die Vor- und Nachteile der einzelnen Methoden werfen.

TROCKEN TRIMMEN:

Trockentrimmen ist unsere bevorzugte Methode. Wenn alles gut läuft, erzielt man die beste Qualität, wenn es dann gilt, das Weed zu rauchen.

Vorteile:

Die Buds trocknen langsamer, was den Geschmack und die Qualität verbessert
Nicht so klebrig wie beim nass trimmen!
Nachteile:

Nimmt beim Trocknen mehr Platz in Anspruch, da die Buds noch Zuckerblätter enthalten
Der höhere Feuchtigkeitsgehalt der Zuckerblätter erhöht die Gefahr von Schimmel

144

NASS TRIMMEN:

Obwohl das Nasstrimmen Vorteile bietet, führt es jedoch letztlich zu einer schlechteren Rauchqualität.

Vorteile:

Benötigt weniger Platz
Die Blüten trocknen schneller
Geringeres Risiko, dass die Buds schimmeln
Nachteile:

Schnelleres Trocknen führt zu trockeneren, qualitativ schlechteren Blüten
Nass trimmen kann sehr klebrig sein
Obwohl nass getrimmte Buds etwas schneller trocknen als trocken getrimmte, kann der manuelle Trimmvorgang viel länger dauern

4. WIE MAN EINEN TROCKNUNGSBEREICH FÜR CANNABIS VORBEREITET

Sobald Du Deine Trimm-Methode gewählt hast, solltest Du Deinen Trocknungsbereich vorbereiten. Die passenden Bedingungen herzustellen, ist der Schlüssel zu einem ausgezeichneten Endprodukt. Falls es beispielsweise zu heiß und trocken ist, wird Dein Weed sehr schnell trocknen und dadurch brüchig und hart werden. Es sollte jedoch auch nicht kalt und nass sein.

Der optimale Trocknungsbereich wäre:

Dunkel: Licht zerstört THC
20°C: dadurch trocknet Dein Weed langsam
Rund 50% relative Luftfeuchtigkeit
Gute Luftzirkulation (verwende bei Bedarf einen oszillierenden Ventilator)
Ein guter Platz, an dem Du Deine Buds aufhängst

5. WIE MAN CANNABIS ERNTET

Die Ernte von Weed ist nicht schwierig. Dennoch ist es wichtig, dabei vorsichtig vorzugehen. Nach monatelanger harter Arbeit sind noch ein paar Schritte erforderlich, bis Dein Weed rauchfertig ist, so dass etwas Konzentration und Finesse gefragt sind.

So erntest Du Dein Weed:

1. *Schneide jeden Zweig mit Blüten an der Nodie ab. Die Nodie ist die Stelle, an der ein Zweig mit einem anderen oder mit dem Hauptstängel verbunden ist. Bevor Du jeden Zweig erntest, überprüfe die Trichome an der gesamten Pflanze. Manchmal entwickeln sich die Buds oben schneller als die unten an der Pflanze, so dass es optimal sein kann, sie etwas später zu ernten.*

2. *Entferne alle Fächerblätter (die großen vielfingrigen Blätter) und überschüssige Stängel. Bewahre dieses zurückgebliebene Pflanzenmaterial auf, um später daraus Cannabutter oder topische Produkte herzustellen.*

3. *Entscheide Dich, ob Du nass oder trocken trimmen möchtest. Falls Du nass trimmst, ist jetzt die Zeit dazu. Maniküre Deine Buds und hebe die getrimmten Zuckerblätter für die spätere Verwendung auf.*

4. *Hänge Deine Buds in Deinen Trocknungsraum. Befestige eine Schnur oder einen Draht an der Unterseite jedes Zweigs und hänge den Zweig und seine Blüten kopfüber auf. Dies trägt zu einer gleichmäßigen Trocknung bei. Achte darauf, dass zwischen den einzelnen Zweigen ausreichend Abstand ist, um die Luftzirkulation zu maximieren. 10–14 Tage trocknen lassen.*

5. Um sicherzustellen, dass Deine Buds trocken sind, biege die Stängel; wenn sie brechen, sind Deine Blüten ausreichend trocken. Sollten sie sich biegen, ist noch zu viel Wasser im Pflanzenmaterial vorhanden.

6. Falls Du Dich dazu entscheidest, trocken zu trimmen, ist jetzt der richtige Zeitpunkt.

7. Sobald Du Deine Buds getrocknet und getrimmt hast, können sie nun ausgehärtet werden.

6. WIE MAN CANNABIS TRIMMT

Wie bereits erwähnt, wirst Du irgendwann auch die Zuckerblätter von Deinen Buds abschneiden wollen. Und während wir die Vor- und Nachteile des Trocken- und Nasstrimmens bereits besprochen haben, werden wir uns nun ansehen, wie man bei jedem Verfahren vorgeht.

WIE MAN CANNABIS TROCKEN TRIMMT

Wenn Du trocken trimmst, musst Du zuerst Deine Blüten aufhängen und trocknen, bevor Du die Zuckerblätter abschneidest. Folge also der obigen Anleitung, und sobald Deine Buds den "Knack-Test" bestanden haben, fährst Du damit fort, überschüssiges Pflanzenmaterial zu entfernen. Versuche möglichst viele Zuckerblätter zu beseitigen, vergewissere Dich jedoch, dass Du kein Blütenmaterial wegknipst. Beginne an der Basis der Blüte und arbeite Dich weiter nach oben. Gehe dabei jedoch akribisch vor. Je weniger Zuckerblätter, desto höher ist die allgemeine Potenz Deines Rauchs und desto besser wird der Geschmack sein.

Wirf aber nicht Deine Zuckerblätter weg! Sie sind zwar nicht annähernd so stark wie die Blüten, enthalten aber dennoch Cannabinoide, die in konzentrierter Form noch viel potenter sind. Das macht sie zu einer perfekten Zutat für Cannabutter und Edibles.

WIE MAN CANNABIS NASS TRIMMT

Nass trimmen ist im Grunde dasselbe wie trocken trimmen. Der einzige Unterschied liegt darin, dass Du es machst, bevor Du Deine Buds zum Trocknen aufhängst, direkt nachdem Du sie von Deiner Pflanze geerntet hast. Dieser Prozess ist klebriger, aber da die Zuckerblätter noch nicht eingerollt und getrocknet sind, lassen sie sich leichter entfernen. Und vergiss nicht, Deine nass getrimmten Zuckerblätter aufzubewahren; auch sie können Dich high machen!

7. WIE MAN CANNABISBLÜTEN AUSHÄRTET

Wenn Du Dein Weed getrocknet und getrimmt hast, gibt es noch einen letzten Schritt, bevor es für den Konsum bereit ist: die Aushärtung!

Die Aushärtung ist im Grunde die Fortsetzung der Trocknung. Sobald Du Dein Weed getrocknet hast, kann es technisch gesehen geraucht werden. Allerdings ist es dann ziemlich unangenehm und die Aromen sind noch nicht so ausgeprägt. Die Aushärtung ist vergleichbar mit der Reifung von Alkohol – sie verbessert den Geschmack und die Gesamtqualität.

Um Weed auszuhärten, gibst Du es in einen luftdichten Behälter. Einmachgläser aus Glas eignen sich in der Regel gut für diesen Job. Befülle jedes Aushärtungsglas zu rund ¾ mit Blüten – lass etwas Platz, um Schimmel zu vermeiden. Öffne jedes Glas einmal täglich, damit Feuchtigkeit entweichen und frische Luft hineingelangen kann. Dieser Vorgang wird als "rülpsen" bezeichnet und sollte rund zwei Wochen lang täglich wiederholt werden.

Danach lassen viele Grower ihre Buds noch etwa 4 Wochen weiter aushärten, um den Geschmack zu maximieren. Aber nach insgesamt etwa zwei Monaten sind Deine getrockneten Buds absolut erstklassig. Falls Du Dir Sorgen um die Wahrscheinlichkeit von Schimmelbildung machst, solltest Du in Feuchtigkeitsbeutel investieren, die sicherstellen, dass der Feuchtigkeitsgehalt in Deinen Gläsern genau richtig ist.

8. GENIESSE DEIN WOHLVERDIENTES WEED

Nachdem Du Dein Cannabis angebaut, gepflegt, geerntet, getrocknet, getrimmt und ausgehärtet hast, gibt es nur noch eines zu tun: es zu rauchen! Endlich ist Dein Cannabis bereit, genossen zu werden. Und nach all den Anstrengungen hast Du es Dir wohlverdient.

8.3 Trocknungsprozess und Lagerung

*Trocknung, Curing und Aufbewahrung von Cannabisblüten
Wenn Sie es geschafft haben, die Cannabisblüten erfolgreich zu
ernten, sind nur noch wenige Schritte übrig; falsches Curing und
trocknen kann Ihre ganze Arbeit zerstören. In diesem Beitrag
erklären wir Schritt für Schritt alles über curing, trocknen und
Lagerung.*

*Bevor wir erklären wie man Cannabis trocknet und cured, sollten
wir sicherstellen, dass das Ziel klar ist und die Unterschiede
zwischen den einzelnen Verfahren verständlich sind.*

*Beim Trocknen von Cannabis ist es essentiell, das in den Blüten
verbliebene Wasser zu verdampfen, während beim Curing von
Cannabis ebenfalls Wasser verloren geht, aber auch das Chlorophyll
verdunstet, wodurch ein wesentlich besserer Geschmack und Aroma
entsteht. Dadurch erhöht sich der Cannabinoid Gehalt, es werden die
Terpene verbessert und der Gehalt an ätherischen Ölen wird
verbessert.*

152

Die besten Bedingungen zum Trocknen von Cannabispflanzen

Um die Cannabispflanzen richtig zu trocknen, sollte man einige Faktoren bedenken, die bestimmte Eigenschaften wie Aroma, Geschmack und Wirkung bestimmen.

Vermeiden Sie direkte Lichteinstrahlung auf die Blüten: Während des Trocknungsprozesses sollten die Blüten im Dunkeln stehen.
Versuchen Sie in den ersten 7 Tagen den Anteil an Luftfeuchtigkeit bei 60-65 %, während des Trocknungsvorganges, zu halten. Wenn die Feuchtigkeit zu hoch ist und Sie sie nicht senken können, kann man einen kleinen Luftextraktor mit Aktivkohlefilter verwenden, um die zusätzliche Feuchtigkeit abzusaugen und trockene Luft zu ermöglichen.
Versuchen Sie, die Temperatur zwischen 15 und 18 Grad zu halten; Temperaturen darüber können bei den Terpenen ein schnelleres Verdampfen, in größerer Mengen verursachen.
Stellen Sie sicher täglich Frischluft zuzuführen.
Verwenden Sie keine Ventilatoren oder Luftentfeuchter, um die Pflanzen zu trocknen, alles was den Prozess beschleunigt, kann zu einer Beeinträchtigung des Aroma, Geschmack und Wirkung führen.
Lassen Sie Cannabis nicht zu sehr austrocknen, es sollte nicht mehr als 70 % der Feuchtigkeit verlieren
Wodurch kann man feststellen ob Cannabis trocken genug ist. Cannabisblüten trocknen von außen, wodurch sie immer außen trockerner wirken als sie es innen sind. Um herauszufinden wann sie trocken genug und fertig zum Curing sind, sollte man folgendes bedenken:

Die Trocknungsperiode sollte zumindest 10 bis 15 Tage, unter den richtigen Bedingungen dauern; wenn man sie länger trocknen lässt verlieren sie möglicherweise an Qualität

Sie wissen, dass der Prozess erfolgreich war, wenn die Blüten außen trocken sind, aber nicht auseinanderfallen, wenn man Druck ausübt, weil noch eine Rest-feuchte vorhanden ist.

Wenn man einen kleinen Zweig biegt, sollte er knacksen aber nicht brechen. Wenn der Zweig den man biegt, nicht bricht aber wieder in die ursprüngliche Position geht, sollten sie länger trocknen.

Wie trocknet man Cannabispflanzen?

Um Cannabis zu trocknen, kann man aus zwei Methoden wählen, welche sehr von den Bedingungen im Anbauraum abhängen, überwiegend an der relativen Feuchtigkeit und dem verfügbaren Platz.

Ernte und Aufhängen von Cannabispflanzen

Hier schneidet man die Pflanze am Stielende und hängt die gesamte Pflanze kopfüber in einer Schnur auf. Wenn die Pflanze sehr groß ist, kann man sie auch an mehreren Schnüren aufhängen.

Das erlaubt einen ausgewogenen, natürlichen Trocknungsprozess, es ermöglicht auch das die Blüten in Form bleiben und ihre Qualität behalten, da sie an der Luft trocknen.

Die Verwendung von Trockengestellen

Wir führen vertikale und faltbare Trockengestelle für das Trocknen von Cannabis, auch wenn man dafür die Pflanzen zuerst trimmen muss, schneiden Sie die Blüten von den Zweigen, verteilen Sie sie auf dem Netz, mit ausreichend Platz dazwischen, zum trocknen.
Diese Methode spart Platz, aber die Blüten werden etwas eingedrückt da sie auf einer Oberfläche liegen, wir empfehlen, sie alle 2 oder 3 Tage zu wenden.
Wenn die Blüten zu sehr ausgetrocknet sind?
Wenn die Blüten zu sehr ausgetrocknet sind, zerbröseln sie wenn man etwas Druck ausübt. Man kann ihnen ein wenig Feuchtigkeit zurückgeben um die Texture und das Aroma zu verbessern, allerdings werden Sie nicht mehr die gleich Qualität erreichen im Vergleich zu richtig getrockneten Blüten. Befeuchten Sie niemals die Blüten.
Um ihnen etwas Feuchtigkeit zurückzugeben, kann man eine Trocknungsbox mit einer Feuchtigkeitskontrolle, wie eine ○○ Box verwenden. Es gibt auch andere Haushaltsmethoden, wie eine unglasierte feuchte Keramik Schüssel in der Trocknungsbox aufzustellen, auch wenn das nicht so präzise wie vorher genannte Methode ist.

155

Curing bei Cannabispflanzen.

Das Curing von Cannabispflanzen ist ein Prozess durch den man Restfeuchtigkeit in der Struktur der Blüten entfernen kann, bis etwa 25 – 30 % übrig bleiben. Während dieses Prozesses reifen die Cannabinoide und Terpene sehr viel mehr und Chlorophyll wird abgebaut.

Chlorophyll ist der Stoff der dazu führt, dass die getrockneten Blüten sich rauh anfühlen und einen frischen, grünen Geruch haben. Diese Verbindung muss entfernt werden, bevor der richtige Geschmack und das Aroma der Pflanzen zur Geltung kommen; das Curing ist ein grundlegender Prozess. wenn man das Beste aus Cannabis herausholen will.

Der Curingprozess kann zwischen 3 Wochen und einem Monat dauern, je nachdem, wo und wie die Blüten aushärten (Feuchtigkeit und Temperatur im Raum knnen diesen Prozess stark beeinflussen). Auf diese Weise wird die Verdunstung des Chlorophylls gewährleistet und das THC kann von seinem sauren Stadium (THC-A) in das psychoaktive Stadium (THC) übergehen. Während des Curingprozesses, muss man außerdem vermeiden, dass Licht mit den Blüten in Kontakt kommt.

Es ist besser, Cannabis in Holzkisten oder luftdichten und undurchsichtigen Behältern zu trocknen. Das perfekte Material ist unbehandeltes Holz ohne jeglichen Lack oder Wachs. Holz ist ein ideales Material, das in der Lage ist, Feuchtigkeit zu absorbieren und für ein Gleichgewicht zu sorgen. Andererseits sind luftdichte Behälter aus Kunststoff in der Lage mehr Aroma zurückzuhalten. Beide Optionen sind großartig, auch wenn wir empfehlen, eine Holzkiste zu verwenden und die Blüten dann in luftdichtem Kunststoff oder Glasbehälter zu lagern.

Cannabisblüten geben in den ersten Wochen immer wieder Feuchtigkeit ab, so dass man den Behälter immer wieder öffnen muß, um die Feuchtigkeit entweichen zu lassen und ihn dass wieder verschließen. Eine Routine könnte in etwa so aussehen:

Einmal täglich während der ersten Woche.

Jeden 3. Tag während der zweiten Woche.

Regelmäßig einmal wöchentlich ab der 3. Woche.

Wie lagert und konserviert man Cannabis?

Wenn die Blüten richtig getrocknet sind und sie den Curingprozess durchlaufen haben, müssen sie nur noch in eine luftdichtes, undurchsichtiges Gefäß gegeben werden. In diesem Fall sind Holzkisten nicht luftdicht genug und die Feuchtigkeit entweicht leicht.

Am besten läßt sich Cannabis in Vakuumbehältern aufbewahren, obwohl man auch vakuumverpackte Aufbewahrung, Antigeruchs Tasche, geprägte Beutel oder Luftdichte Taschen verwenden kann.

Allgemeine Ratschläge

Suchen Sie einen guten Platz um Cannabis zu trocknen und für das curing, das ist wichtig, um ungünstige Bedingungen zu vermeiden und qualitativ hochwertiges Cannabis zu erhalten.

Stellen Sie sicher, dass Cannabis vor dem Konsum richtig cured ist, da es sonst, nicht das volle Potenzial in Bezug auf Aroma, Geschmack und Wirkung, erreicht.

Endwort

Mit "Die große Kunst des Cannabis Anbaus" hast du einen umfassenden Leitfaden in den Händen, der nicht nur dein Wissen erweitert, sondern auch deine Fähigkeiten als Grower auf ein neues Level hebt. Von der Auswahl der perfekten Genetik bis hin zur Ernte und Verarbeitung deiner Pflanzen lernst du alle Aspekte des Cannabisanbaus in ihrer vollen Pracht kennen.

Doch dieses Buch geht über das rein Technische hinaus. Es ist eine Hommage an die Jahrtausende alte Beziehung zwischen Mensch und Pflanze, eine Ode an die kulturelle Bedeutung von Cannabis und eine Ermutigung, diese Kunst des Anbaus mit Wertschätzung und Respekt auszuüben. Denn Cannabis ist nicht nur eine Pflanze, sondern ein Symbol für Gemeinschaft, Kreativität und spirituelles Wachstum.

„Die große Kunst des Cannabis Anbaus" vermittelt nicht nur praktisches Wissen, sondern auch eine Leidenschaft für die Pflanze und ihre vielfältigen Möglichkeiten. Es ermutigt dich, dich mit anderen Gleichgesinnten auszutauschen, gemeinsam zu lernen und die besten Praktiken zu teilen, um das Beste aus deiner Ernte herauszuholen.

Am Ende des Buches wirst du nicht nur ein erfahrener Grower sein, sondern auch ein Botschafter für die wertvolle Kultur des Cannabisanbaus. Du wirst verstehen, dass es nicht nur um die perfekte Blüte oder den höchsten THC-Gehalt geht, sondern um die Verbindung zur Natur, die Förderung nachhaltiger Praktiken und die Anerkennung des umfangreichen Potenzials dieser bemerkenswerten Pflanze.

Nun liegt es in deinen Händen, dieses Wissen in die Tat umzusetzen und deine eigene Geschichte als Grower zu schreiben.

Mach dich bereit für eine Reise voller Wachstum, Kreativität und Selbstentfaltung. Nutze das Erlernte, um nicht nur Pflanzen zu ziehen, sondern auch deinen eigenen Geist zu kultivieren. Sei ein Pionier in der Kunst des Cannabisanbaus und trage dazu bei, diese Kultur weiterzuentwickeln und zu bereichern.

Also, liebe Grower, geht hinaus und gedeiht. Mit "Die große Kunst des Cannabis Anbaus" hast du das Werkzeug in der Hand, um nicht nur beeindruckende Ernten zu erzielen, sondern auch eine tiefe Verbindung zur Natur und zu dir selbst herzustellen. Genieße den Prozess, denn das Wachstum liegt nicht nur in deinen Pflanzen, sondern auch in dir selbst.